海洋石油特种作业培训教材

熔化焊接与热切割作业

主编　张广建

应急管理出版社

·北　京·

图书在版编目（CIP）数据

熔化焊接与热切割作业/张广建主编 . --北京：应急管理
出版社，2021

海洋石油特种作业培训教材

ISBN 978-7-5020-8623-7

Ⅰ.①熔…　Ⅱ.①张…　Ⅲ.①海上油气田—石油工程—熔
焊—技术培训—教材②海上油气田—石油工程—切割—技术培
训—教材　Ⅳ.①TE5②TG442③TG48

中国版本图书馆 CIP 数据核字（2021）第 015902 号

熔化焊接与热切割作业（海洋石油特种作业培训教材）

主　　编	张广建
责任编辑	闫　非　　郭玉娟
责任校对	李新荣
封面设计	于春颖

出版发行	应急管理出版社（北京市朝阳区芍药居 35 号　100029）
电　　话	010-84657898（总编室）　010-84657880（读者服务部）
网　　址	www.cciph.com.cn
印　　刷	天津嘉恒印务有限公司
经　　销	全国新华书店

开　　本	710mm×1000mm^1/$_{16}$　**印张**　8^1/$_4$　**字数**　112 千字
版　　次	2021 年 8 月第 1 版　2021 年 8 月第 1 次印刷
社内编号	20201809　　　　　　**定价**　32.00 元

海洋石油特种作业培训教材
编审委员会

前　言

　　随着现代制造业和焊接技术的发展，各种焊接方法已广泛应用于生产实践，在经济建设中发挥着越来越大的作用。与此同时，伴随出现的各种危险和有害因素，也严重威胁着焊工及其他生产人员的安全与健康。例如，焊工在实施焊接、切割操作中，经常要与多种易燃易爆气体、压力容器、燃料容器及电气设备接触，填充金属、药皮在高温火焰或电弧作用下散发出的有毒有害气体、金属烟云、弧光辐射、高频电磁场、噪声和射线等也会对焊工造成伤害；有时还需要在狭窄空间、密闭容器、高空等特殊环境下作业。这些危险和有害因素，在一定条件下会引发火灾、爆炸、触电、烫伤、高处坠落及急性中毒等事故，导致焊工尘肺、慢性中毒、血液疾病、电光性眼病及皮肤病等职业病甚至死亡，给作业人员和国家、企业造成重大损失。

　　《特种作业人员安全技术培训考核管理规定》（国家安全生产监督管理总局令第30号）特种作业目录中明确规定：焊接与切割作业属于特种作业范畴。《中华人民共和国安全生产法》第三十条规定：生产经营单位的特种作业人员必须按照国家有关规定经专门的安全作业培训，取得相应资格，方可上岗作业。

　　本教材按照国家相关的行业标准，参照中海油的有关规定，按照基础性、实用性、针对性、准确性、前瞻性的要求，结合中海油海上生产作业设施自身的特点，针对海上设备设施施工作业的特殊性，选择具有代表性的焊接与切割作业，将理论知识与现场工程实践相结合，介绍了某些特殊的焊接与切割作业安全操作要求，以更好地指导焊接与切割作业。

由于编者水平有限，如有不足之处，敬请读者批评指正，以便我们修改完善。

编 者

2021 年 5 月

目　　　　次

第一章　焊接与切割基础知识

第一节　焊接与切割分类

一、焊接的分类

焊接不仅可以将金属材料永久连接起来，而且可以使非金属材料达到永久连接的目的，如玻璃焊接、塑料焊接等，但生产中主要使用金属焊接。

焊接就是通过加热或加压，或两者并用，并且用（或不用）填充材料，使焊件达到原子结合的一种加工方法。由此可知，焊接与其他连接方法不同，通过焊接后的连接材料不仅在宏观上建立了永久性联系，而且在微观上建立了组织之间的内在联系。因此，必须使分离金属的原子间产生足够大的结合力，才能建立组织之间的内在联系，形成牢固接头。这对液体来说是很容易的，而对固体来说则比较困难，需要外部给予很大的能量，以使金属接触表面达到原子间的距离。为此，金属焊接时必须采用加热、加压或两者并用的方法。

按照焊接过程中金属所处的状态不同，可以把焊接方法分为熔化焊、压力焊和钎焊三类（图1-1）。

熔化焊是在焊接过程中，将焊件接头加热至熔化状态，不加压完成焊接的方法。熔化焊适用于火焰钎焊作业、电阻钎焊作业、感应钎焊作业、浸渍钎焊作业、炉中钎焊作业，不包括烙铁钎焊作业。在加热条件下，熔化焊增强了金属的原子功能，促进了原子间的相互扩散，当被焊金属加热至熔化状态形成液态熔池时，原子之间可以充分

1

扩散和紧密接触，因此冷却凝固后，即可形成牢固的焊接接头，常见的气焊、电弧焊、电渣焊、气体保护焊、等离子弧焊等都属于熔化焊的方法。

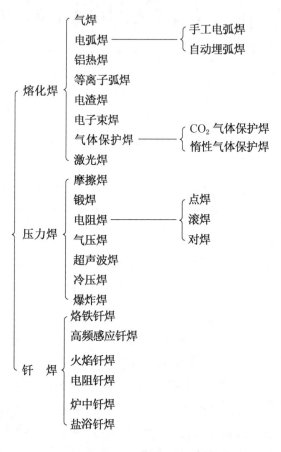

图 1-1　焊接方法分类

　　压力焊是在焊接过程中，必须对焊件施加压力（加热或不加热），以完成焊接的方法。这类焊接有两种形式，一种是将被焊金属接触部分加热至塑性状态或局部熔化状态，然后施加一定的压力，以使金属原子间相互结合形成牢固的焊接接头，如锻焊、接触焊、摩擦焊和气压焊等。另一种是不进行加热，仅在被焊金属的接触面上施加足够大的压力，借助压力所引起的塑性变形，以使原子间相互接近而获得牢固的挤压接头，如冷压焊、爆炸焊等。

钎焊是采用母材熔点低的金属材料，将焊件和钎料加热到高于钎料熔点、低于母材熔点的温度，利用液态钎料润湿母材，填充接头间隙并与母材相互扩散实现连接焊件的方法。钎焊过去常列入熔化焊中，但由于钎焊从物体结合的机理上来说与熔化焊和压力焊不同，故随着科学技术的不断发展，钎焊已逐步形成了一个独立的系统。常见的钎焊方法有烙铁钎焊、火焰钎焊、高频感应钎焊等。根据钎料软硬不同，又有软钎焊与硬钎焊之分。

二、切割的分类

按照金属切割过程中加热方法的不同，大致可将切割方法分为火焰切割、电弧切割和冷却切割三类。

1. 火焰切割

按加热气源不同，分为气割、液化石油气切割、氢氧源切割、氧气熔剂切割。

1）气割

气割（即氧气－乙炔切割）是指利用氧气－乙炔气体火焰将被切割的金属预热到燃点，使其在纯氧气流中剧烈燃烧，形成熔渣并放出大量热量而实现切割。

2）液化石油气切割

液化石油气切割的原理与气割相同，不同的是液化石油气的燃烧特性与乙炔不同，所使用的割炬也不同，它不仅扩大了低压氧喷嘴孔径及燃料混合气喷口截面，还扩大了对吸管圆柱部分的孔径。

3）氢氧源切割

氢氧源切割是利用水电解氢氧发生器，用直流电将水电解成氢气和氧气。其气体比例恰好完全燃烧，温度可达 $2800 \sim 3000\ ℃$，可用于火焰加热、气焊和气割。

4）氧气熔剂切割

氧气熔剂切割是在切割氧流中加入纯铁粉或其他熔剂，利用它们的燃烧热和除渣作用实现切割。

2. 电弧切割

按生成电弧不同，分为等离子弧切割、碳弧气刨、电弧刨割条切割。

1）等离子弧切割

等离子弧切割是利用高温高速的强劲的等离子射流将被切割金属部分熔化并随即吹除，形成狭窄的切口而完成切割的方法。

（1）一般等离子弧切割：一般等离子弧切割可采用转移型电弧或非转移型电弧。非转移型电弧的挺度差，适于切割非金属材料，金属材料通常采用转移型电弧进行切割。切割薄板金属时，采用微束等离子弧工艺可获得更窄的切口。

（2）水再压缩等离子弧切割：在喷嘴出口附近用水把等离子弧再进行一次压缩。其优点是喷嘴不易烧损，切割速度快，切口窄而且切边比较垂直。由于切割中有高速喷击的水束，故这种工艺的水喷溅严重，一般在水槽中进行，工件位于水面下 200 mm 左右。这样可以使切割噪声降低，并能吸收弧光、烟尘、金属粉尘等，改善了劳动条件。

（3）空气等离子弧切割：利用空气压缩机提供的压缩空气作为工作气体和排除熔化金属的气流。其切割成本低，气体来源方便，切割速度快。但是这种工艺的电极受到强烈的氧化腐蚀，一般采用镶嵌式纯锆或纯铪电极，不能采用纯钨或氧化物钨电极。

2）碳弧气刨

碳弧气刨是利用石墨棒或碳棒与工件间产生的电弧将金属熔化，并用压缩空气将其吹掉，实现切割的方法。碳弧气刨主要用于清理铸件反边毛刺及切割高合金钢、不锈钢、铝、铜及合金等。

3）电弧刨割条切割

电弧刨割条的外形与普通焊条相同，是利用药皮在电弧高温下产生的喷射气流，吹除熔渣（熔化金属）达到刨割的目的。工作时只需要交直流弧焊机适用于野外作业及工位狭窄处。

3. 冷却切割

1）激光切割

激光切割是利用激光束的热能实现切割的方法。切割时，把激光器作为光源，通过反射镜导光，聚焦透镜聚焦光束，以很高的功率密度照射被加工的材料，材料吸收光能转变为热能，使材料熔化、气化，激光束就把材料穿透，激光束等速移动而产生连续切口。其特点是切口细，表面光滑，工件变形小，切割速度快，噪声低，可切割多种材料。

2）水射流切割

水射流切割是利用高压水射流进行切割的方法。高压换能泵产生 200～400 MPa 的高压，并尽可能无损失地转变成水束动能，来实现材料的切割。

第二节　焊接工艺基础知识

一、焊接热源

实现焊接过程必须由外界提供热能或机械能。用于焊接的热源应当是：热量高度集中而又能快速实现焊接过程，并保证得到最小的焊接热影响区和致密的焊缝。

1. 焊接热源的种类及其特性

焊接热源的种类及其特性见表 1-1。

表 1-1　焊接热源的种类及其特性

热源种类	特　　点	焊接方法
电弧	利用气体介质的放电过程所产生的热源作为焊接热源，是目前应用最广泛的一种	焊条电弧焊、埋弧焊、气体保护焊

表 1-1（续）

热源种类	特 点	焊接方法
化学热	利用可燃性气体（乙炔、丙烷等）的燃烧热或铝、镁热剂的反应热作为焊接热源	气焊、铝热焊
电阻热	利用电流通过导体时产生的电阻热作为焊接热源	电阻焊、电渣焊
摩擦热	由机械摩擦而产生的热能作为焊接热源	摩擦焊
等离子弧	电弧放电或高频放电产生高度电离的气流，由机械压缩、电磁压缩、热收缩效应产生大量的热能和动能，利用这种能量作为焊接热源	等离子弧焊
电子束	在真空、低真空、局部真空中，利用高压高速运动的电子猛烈轰击金属局部表面使这种动能变为热能作为焊接热源	电子束焊
激光束	通过受激辐射而使放射增强的光（即激光）径聚焦产生能量高度集中的激光束作为热源	激光焊

2. 焊接热效率

焊接过程中，热源产生的热量并没有全部被有效利用，而有一部分热量损失于周围介质和飞溅中。加热过程中，在一定条件下热效率是个常数，它主要取决于焊接方法、焊接参数和焊接材料的种类（焊条、焊剂、保护气体等），而电流种类、极性、焊接速度以及焊接位置等对热效率也有影响。不同焊接方法的热效率见表 1-2。

表 1-2 不同焊接方法的热效率

焊接方法	碳弧焊	焊条电弧焊	埋弧焊	钨极氩弧焊		熔化极氩弧焊		电渣焊	电子束焊	激光焊
				交流	直流	钢	铝			
热效率	0.5 ~ 0.65	0.77 ~ 0.89	0.77 ~ 0.99	0.68 ~ 0.85	0.78 ~ 0.85	0.66 ~ 0.69	0.7 ~ 0.85	0.8	0.9	0.9

二、焊接接头与焊缝形式

1. 焊接接头形式

用焊接方法连接的接头称为焊接接头，焊接接头是由焊缝、熔合区和热影响区三部分组成的。一个焊接结构总是由若干接头组成，常用的基本接头形式有对接接头、T 形接头、角接接头、搭接接头四种。焊接接头形式，主要根据焊件厚度、结构形式和对强度的要求以及施工条件等情况确定。

1）对接接头

两块钢板的边缘相对配置，并且表面构成大于或等于135°、小于或等于180°夹角的接头称为对接接头。这种接头受力均匀、节省金属，故应用最多。按照焊接厚度和坡口准备的不同，对接接头可分为不开坡口、V 形坡口、X 形坡口、单 U 形坡口和双 U 形坡口五种形式（图 1 - 2）。

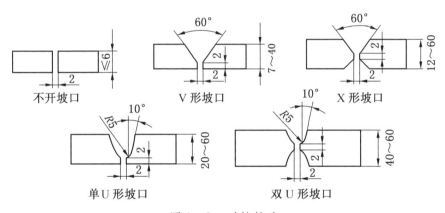

图 1 - 2 对接接头

钢板厚度在 6 mm 以下时，除重要结构外，一般不开坡口。铜板厚度为 7 ~ 40 mm 时采用 V 形坡口，这种坡口便于加工，但焊后焊件容易发生变形。钢板厚度为 12 ~ 60 mm 时，可采用 X 形坡口，这种坡口比 V 形坡口好，在同样厚度下它能减少焊缝填充金属量约 1/2，焊件焊后变形及产生的内应力也小些，所以 X 形坡口主要用于大厚度以及要求变形较小的焊件坡口准备。

2）T 形接头

焊件的端面与另一焊件表面构成一直角或近似直角的接头称为 T 形接头。T 形接头在焊接结构中被广泛采用，特别是造船厂的船体结构中 70% 的焊缝采用这种接头形式。按照焊件厚度和坡口准备的不同，T 形接头可分为不开坡口、单边 V 形坡口、K 形坡口和双 U 形坡口四种形式（图 1－3）。T 形接头作为一般联系焊缝，钢板厚度在 2～30 mm 时可不开坡口，它不需要较精确的坡口准备。若 T 形接头的焊缝要求承受载荷，则应按照厚度和对结构强度的要求分别选用单边 V 形坡口、K 形坡口或双 U 形坡口等形式。

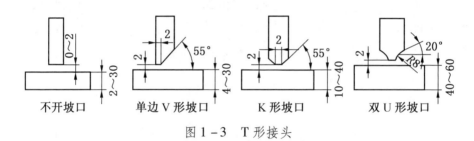

图 1－3　T 形接头

3）角接接头

两焊件端面间构成大于 30°、小于 135°夹角的接头称为角接接头。角接接头一般用于不重要结构的焊件。同样根据焊件厚度和坡口准备的不同，角接接头可分为不开坡口、单边 V 形坡口、V 形坡口和 K 形坡口四种形式（图 1－4）。

4）搭接接头

两焊件部分重叠构成的接头称为搭接接头。搭接接头根据其结构形式和对强度的要求不同，可分为不开坡口、圆孔内塞焊和长孔内角焊三种形式（图 1－5）。不开坡口的搭接接头一般用于 12 mm 以下的钢板，其重叠部分为 3～5 倍板厚并采用双面焊接，这种接头强度较差，故较少采用。

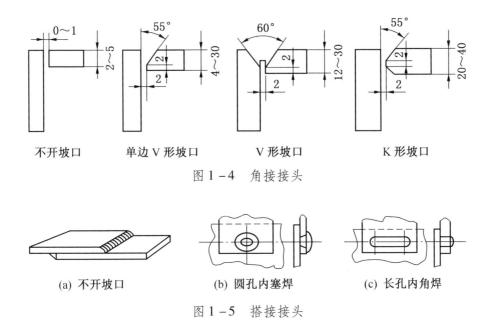

不开坡口　　　　单边 V 形坡口　　　　V 形坡口　　　　K 形坡口

图 1-4　角接接头

（a）不开坡口　　　　（b）圆孔内塞焊　　　　（c）长孔内角焊

图 1-5　搭接接头

当遇到双重钢板的面积较大时，为了保证结构强度，可根据需要分别选用圆孔内塞焊和长孔内角焊的接头形式，特别是用于被焊结构狭小处以及密闭的焊接结构。圆孔和长孔的大小和数量要根据板厚和对结构的强度要求而定。

2. 焊缝形式

（1）根据《焊接术语》（GB/T 3375—1994）的规定，按焊缝结合形式可分为对接焊缝、角焊缝、塞焊缝、槽焊缝和端接焊缝五种。

①对接焊缝：在焊件的坡口面间一零件的坡口面与另一零件表面间焊接的焊缝。

②角焊缝：沿两直交或近直交零件的交线所焊接的焊缝。

③塞焊缝：两零件相叠，其中一块开圆孔，在圆孔中焊接两板所形成的焊缝，只在孔内焊缝者不称塞焊。

④槽焊缝：两板相叠，其中一块开长孔，在长孔中焊接两板的焊缝，只焊角焊缝者不称槽焊。

⑤端接焊缝：构成端接接头所形成的焊缝。

（2）按施焊时，焊缝在空间所处位置可分为平焊缝、立焊缝、横焊缝和仰焊缝四种形式。各种焊接位置如图1-6所示。

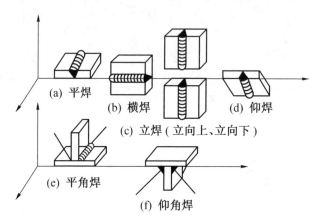

图1-6　各种焊接位置

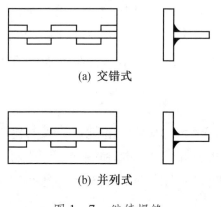

(a) 交错式

(b) 并列式

图1-7　继续焊缝

（3）按焊缝连续情况分为连续焊缝和继续焊缝两种形式，继续焊缝又分为交错式和并列式两种（图1-7）。

三、焊缝质量评定

焊缝的好坏直接影响焊接产品的使用性能和安全程度。对焊缝质量进行综合评定的主要目的是防止和减少焊接缺陷，提高焊缝的力学性能和安全程度。焊接过程中在焊接接头中产生的金属不连续、不致密或连接不良的现象称为焊接缺陷。

1. 焊接缺陷分类

金属熔化焊焊缝缺陷共分为六类：裂纹、孔穴、固体夹杂、未熔合和未焊透、形状缺陷、上述以外的其他缺陷。

缺陷用数字序号标记，每一缺陷大类用一个三位阿拉伯数字标记（如裂纹为100），每一缺陷小类用一个四位阿拉伯数字标记（如微观裂纹为1001），同时采用国际焊接学会（ⅡW）"参考射线底片汇编"中目前通用的缺陷字母代号来对缺陷进行简化标记。

但在实际工作中，焊接缺陷的评定分为焊缝外部缺陷的检验和焊缝内部缺陷的检验。

（1）焊缝外部缺陷的检验：焊缝的外部缺陷都位于焊缝外表面，用肉眼或低倍放大镜就可以看到。主要包括焊缝外形尺寸及形状不符合要求、咬边、焊瘤、根部未焊透、表面裂纹、弧坑、电弧擦伤、飞溅和烧穿等缺陷。其检验方法主要是利用低倍放大镜、卡尺和焊接检验尺。

（2）焊缝内部缺陷的检验：焊缝的内部缺陷都位于焊缝内部，主要包括气孔、夹渣、未熔合、未焊透和内部裂纹等缺陷。其检验主要是通过无损探伤和破坏性检验的方法。无损探伤主要有超声探伤和射线探伤等。

2. 焊接缺陷的产生原因、危害及防治方法

焊接结构在生产制造过程中，焊缝中会出现各种各样的焊接缺陷，常见焊接缺陷的产生原因、危害及防治方法见表1-3。

表1-3　常见焊接缺陷的产生原因、危害及防治方法

缺陷名称	产生原因	危害	防治方法
咬边	1. 焊接电流过大，电弧过长，焊条角度不正确 2. 横焊时电弧在上坡口停留时间过长 3. 用直流弧焊机施焊时，焊接电弧发生偏弧 4. 机械化焊时，焊接速度过快	焊缝咬边处容易产生应力集中，同时焊缝的咬边缺陷也削弱了母材金属的工作截面	1. 严格执行焊接工艺规程 2. 提高焊工操作水平 3. 选择合格的焊接设备施焊

表 1-3（续）

缺陷名称	产生原因	危害	防治方法
气孔	1. 焊前坡口两侧油、污、锈、垢未清除干净 2. 焊接电流过大或过小 3. 打底焊缝采用断弧焊手法焊接，并且运用不熟练 4. 焊条药皮焊前未经烘干或烘干温度、烘干时间不正确 5. 焊芯生锈 6. 直流电流焊接时，电源极性运用不当	气孔缺陷减少了焊缝工作截面，气孔还可能与其他焊接缺陷形成贯穿性，破坏了焊缝的致密性。连续气孔存在于焊缝中，将会降低焊缝承载能力，使焊接结构发生破坏	1. 焊前仔细清除坡口处的油、污、锈、垢 2. 选择合格的焊接设备施焊 3. 提高焊工操作水平 4. 正确烘干焊条。碱性焊条，烘干温度为 350～450 ℃，保温 2 h；酸性焊条，烘干温度为 150～250 ℃，保温 12 h。野外作业注意防止风力直吹电弧
夹渣	1. 多层焊时，每层焊接完成后不清理焊渣就焊接下一层焊缝 2. 焊条药皮受潮未烘干或变质或在熔化时呈块状脱落 3. 熔池凝固过快，熔渣在熔池凝固前来不及浮出熔池 4. 焊接电流小而焊接速度过快 5. 焊接过程中，运条手法不利于熔渣脱出熔池	焊缝夹渣的几何形状不规则，存在直棱角或尖角，容易在承受动载荷时产生应力集中。夹渣的危害比气孔要严重，因为夹渣多是裂纹的起源。夹渣缺陷还会降低焊缝金属的力学性能	1. 仔细清理前焊道表面焊渣，合格后再焊下一道焊缝 2. 焊前烘干焊条 3. 严格执行焊接工艺规程 4. 提高焊工操作水平
未焊透	1. 焊接电流太小 2. 焊接速度太快 3. 坡口钝边大或根部间隙小 4. 焊件坡口角度小或错边量大	焊缝未焊透减少了焊缝的有效工作截面，对焊缝的力学性能有不利影响，未焊透根部尖角处容易产生应力集中并引起裂纹导致焊接结构被破坏	1. 正确选择焊接参数 2. 严格执行焊接工艺规程 3. 提高焊工操作水平

表 1 - 3（续）

缺陷名称	产生原因	危害	防治方法
未熔合	1. 焊条药皮偏心，导致焊接电弧偏弧，使母材金属不能充分熔化 2. 焊条与焊接方向夹角不当，使焊接电弧偏弧造成一侧金属产生未熔合 3. 横焊时，上坡口金属熔化下坠，影响下坡口金属加热，造成冷接 4. 坡口不合格 5. 焊接速度快而焊接电流小，热量不足，形成冷接 6. 坡口或焊道上有焊渣或氧化皮，使部分热量损失在熔化熔渣及氧化皮上，余下热量不足以熔化焊道金属或坡口	未熔合缺陷易造成应力集中，还将降低焊缝金属的力学性能。未熔合缺陷可视为片状缺陷，间隙很小，类似裂纹，容易造成焊接结构破坏，是焊缝中比较危险的缺陷	1. 选择合格的焊条施焊 2. 提高焊工操作水平 3. 按工艺规程规定加工坡口 4. 正确选择焊接参数 5. 焊前仔细清除焊件坡口处锈垢
下塌	1. 焊接电流过大而焊接速度偏小 2. 焊接坡口根部间隙过大而坡口钝边偏小 3. 焊接设备不能输出所需要的焊接电流	焊缝金属组织易过烧，对有洋火倾向的钢材易产生洋火裂纹。承受动载荷时易产生应力集中	1. 正确选择焊接参数 2. 合理选用焊接设备 3. 提高焊工操作水平
焊瘤	1. 钝边小而根部间隙过大 2. 焊接电流大而焊接速度过慢 3. 焊工操作水平低 4. 焊条角度不正确 5. 熔池温度过高，液体金属凝固较慢	焊瘤改变了焊缝横截面积，内部常有未焊透缺陷存在，对承受动载不利。管子内部有焊瘤存在，将减少管子内部的有效流通面积	1. 正确选择焊接参数 2. 合理选用焊接设备 3. 提高焊工操作水平

表 1-3（续）

缺陷名称	产生原因	危害	防治方法
裂纹	在结晶快要结束时，凝固金属和液态金属共存，由于液态金属量很少，形成的液体药膜在拉应力作用下使液膜破坏形成裂纹	裂纹是焊接结构中最危险的一种缺陷，它不仅会使焊件破坏导致报废，而且可能造成严重事故	1. 限制母材及焊接材料中的有害杂质含量 2. 向熔池中加入细化晶粒元素，改善焊缝凝固结晶组织 3. 适当改进焊缝形状系数 4. 严格执行焊接工艺规程

第三节 切割工艺基础知识

一般海洋石油作业设施和生产设施中的切割作业均是指热切割。

一、热切割及其工艺特点

热切割是指采用热能、电能或化学能将金属加热到其熔化温度以上，并使金属保持在熔化或半熔化状态，再利用流体动力将金属去除、吹开或燃烧，达到切割或去除金属目的的工艺方法。

热切割的特点是作业时必定会产生大量的热和金属氧化物，作业环境较差，伴随有大量热、烟雾、灰尘、噪声和光污染。

二、常见切割工艺简介

1. 火焰切割

火焰切割是用可燃气体、可燃固体或液体燃料的气化物与氧或空气混合燃烧所形成的火焰对工件进行加热使之熔化，利用氧化铁燃烧过程中产生的高温烧损金属，再用流体将其吹开的一种切割方法。气割是可燃气体与氧气混合燃烧的火焰热能将工件切割处预热到一定温度后，喷出高速切割氧流，使金属剧烈氧化并放出热量，利用切割氧流把熔化状态的金属氧化物吹掉，而实现切割的方法。金属的气割过程实质是铁在纯氧中的燃烧过程，而不是熔化过程。可燃气体与氧气的混合及切割氧的喷射是利用割炬来完成的，气割所用的可燃气体主要是乙炔、液化石油气和氢气。气割时应用的设备器具除割炬外均与气焊相同。气割过程是预热—燃烧—吹渣过程，但并不是所有金属都能满足这个过程的要求。可气割的金属有纯铁、低碳钢、中碳钢、低合金钢、钛等，而铸铁、不锈钢、铝和铜等难以用气割作业。火焰切割是最古老的热切割方式，其切割金属厚度从 1 mm 到 1 m，火焰切割设备的成本低并且是切割厚金属板唯一经济有效的手段，但在薄板切割方面有其不足之处。

火焰切割时常用的火焰有乙炔火焰、石油气火焰、煤气火焰、天然气火焰等。

2. 碳弧气刨

碳弧气刨是利用碳弧的高温将金属熔化后，用压缩空气将熔化的金属吹掉的一种刨削金属的方法。碳弧气刨具有效率高、噪声小、价格低廉和适用性广等优点，目前已广泛应用于铸造、锅炉、造船、化工等行业。

3. 等离子弧切割

等离子弧切割是一种常用的金属和非金属材料切割工艺方法。它利用高速、高温和高能的等离子气流来加热和熔化被切割材料，并借助内部的或者外部的高速气流或水流将熔化材料排开直至等离子气流束穿透背面而形成割口。

等离子弧坑的温度高，远远超过所有金属以及非金属的熔点。因此等离子弧切割过程不是依靠氧化反应，而是靠熔化来切割材料，因而比氧化切割方法的适用范围大得多，能够切割绝大部分金属和非金属材料。

利用环形气流技术形成细长稳定的等离子电弧，保证了能够平稳且经济地切割任何导电的金属。

4. 激光切割

激光切割就是利用激光束照射到工件表面时释放的能量来使工件熔化并蒸发，以达到切割的目的。它具有精度高、切割快速、不受切割图案限制、切口平滑等特点。激光切割共分三类：激光熔化切割、激光火焰切割、激光气化切割。在激光熔化切割中，工件被局部熔化后借助气流把熔化的材料喷射出去。因为材料的转移只发生在其液态情况下，所以该过程被称为激光熔化切割。激光火焰切割与激光熔化切割的不同之处在于使用氧气作为切割气体，借助于氧气和加热后的金属之间的相互作用，产生化学反应使材料进一步加热。由于此效应，对于相同厚度的结构钢，采用该方法得到的切割速率比激光熔化切割要高。在激光气化切割过程中，材料在割缝处发生气化，此情况下需要非常高的激光功率。

第二章　特殊环境焊接与切割

第一节　化工及燃料容器、管道的焊补作业

化工及燃料容器（如桶、罐、槽、柜、塔、箱等）、管道在使用过程中，因受内部介质压力、温度、腐蚀的作用，或因结构、材料、焊接工艺等缺陷，时常会出现裂纹和穿孔，因此应定期检修。有时还需要在生产过程中进行抢修。由于化工生产及燃料储存和输送等具有高度连续性特点，所以这类设备和管道的焊补工作往往时间紧、任务急，而且要在易燃、易爆、高温高压和易中毒的复杂情况下进行，稍有疏忽就会发生爆炸、火灾和中毒，甚至引起整座厂房、燃料供应系统爆炸着火的严重后果。因此，在进行化工及燃料容器、管道的焊接和切割作业时，必须采取切实可靠的防爆、防火和防毒等技术措施。

一、置换动火与带压不置换动火

凡利用电弧或火焰进行焊接或切割作业的，均称为动火，或称动火作业。化工及燃料容器、管道的焊补，目前主要有置换动火和带压不置换动火两种方法。

1. 置换动火

置换动火是在焊补之前实行严格的惰性介质置换，将原有的可燃和有毒物料完全排出，或用空气置换容器或管道中的有毒有害气体，使容器或管道内的可燃气体或有毒有害气体的含量符合规定的要求，从而保证焊补作业安全。

置换动火在容器、管道的生产检修工作中被广泛采用。采用置换

17

法时，容器、管道需要暂停使用，要用其他介质进行置换。置换动火需要制定严格的作业方案和安全措施，经审批后方可进行作业。

2. 带压不置换动火

带压不置换动火是在不能停产抢修的情况下，严格控制含氧量，使可燃气体的浓度大大超过爆炸上限，并使它以稳定的速度从管道口向外喷出，点燃燃烧，使其与周围空气形成一个燃烧系统，并保持稳定连续的燃烧，然后进行焊补作业。由于这种方法只能在连续保持一定正压的情况下进行，控制难度较大，没有一定压力就不能使用，有较大的局限性，目前应用不广泛。

二、焊补作业火灾爆炸原因

（1）焊接动火前对容器或管道内可燃物置换不彻底、气体的取样分析不准确或取样部位不适当，致使在容器、管道内或动火点周围存在爆炸性混合物。

（2）焊补过程中，动火条件发生变化。随着动火焊补的进行，夹藏在保温材料中的可燃物随着升温而不断逸出可燃气体，遇明火引起爆炸事故。

（3）正在检修的容器、管道与正在生产的系统未完全隔离，发生易燃易爆介质互相串通进入焊补区域，或生产系统放料排气遇到火花。

（4）动火区未清理干净，周围存在易燃易爆物或在具有燃烧和爆炸危险的车间、仓库等室内进行焊补作业。

（5）焊补未经安全处理或未开孔洞的密封容器。如用水置换时，水位较高，没有开口的顶部被水封闭成一个密闭空间，极易发生爆炸。

三、置换焊补的安全技术措施

1. 固定动火区

为使焊补工作集中，便于加强管理，设施和车间内可划定固定动火区。凡是可拆卸、可移动的需要焊补的物件，必须移动至固定动火区焊补。固定动火区必须符合下列要求：

（1）周围无可燃气管道和设备，并且距离易燃易爆设备管道10 m以上。

（2）室内的固定动火区与防爆的生产现场要隔开，不能有门窗、地沟、管道等连通。

（3）生产车间正常放空或发生事故时，可燃气体或蒸气不会扩散到固定动火区。

（4）常备足够数量确实有效的灭火工具和设备，并且合理布局。

（5）固定动火区内禁止放置和使用各种易燃物质，如易挥发的清洗油、汽油等。

（6）作业区周围划定界线，悬挂"动火区"字样安全标志。在未采取可靠的安全隔离措施之前，不得动火焊补检修。

2. 实行可靠隔绝

首先停止待检修设备或管道的工作，然后采取可靠的隔绝措施，使要检修、焊补的设备与其他设备（特别是生产部分的设备）完全隔绝，以保证可燃物料等不能扩散到焊补设备及其周围。可靠的隔绝方法是安装盲板或拆卸一段连接管线。盲板有足够的强度并正确装配，能承受管道的工作压力并严密不漏。盲板和阀门之间装设放空管和压力表，并派专人看守。生产系统或存有物料的一侧上好盲板。同时注意常压敞口设备的空间隔绝，保证火星不能与容器口逸散出来的可燃物接触。短时间的动火检修可用水封切断气源，但须设专人看守水封溢流管情况，防止水封失效。总之，不认真做好隔绝工作不得动火。

3. 实行彻底置换

做好隔绝工作之后，设备本身必须排尽物料，把容器及管道内的可燃或有毒介质彻底置换。在置换过程中要不断取样分析，直至容器管道内的可燃、有毒物质含量符合安全要求。

在置换过程中要不断取样分析，严格控制容器内的可燃物含量，以保证符合安全要求，这是置换焊补防爆的关键。在可燃容器上焊补，操作者不进入容器内时，其内部的可燃物含量不超过爆炸下限的$1/4 \sim 1/3$；进入容器内施工时，可燃物含量除要满足上述要求外，由于置换后的容器内部是缺氧环境，所以还应保证氧气含量达到18% ~ 21%，毒物含量符合《工作场所有害因素职业接触限值　第1部分：化学有害因素》（GBZ 2.1—2019）的规定。

常用的置换介质有氮气、二氧化碳、水蒸气或水等。置换时应考虑被置换介质与置换介质之间的比重关系，当置换介质比被置换介质的比重大时，应由容器的最低点送进置换介质，由最高点向室外放散。以气体作为置换介质时，其需用量不能按经验以超过被置换介质容积的几倍来计算，因为某些被置换的可燃气体或蒸气具有滞留性质。在同置换气体比重相差不大时，还应注意置换不彻底的可能性及两相间的互相混合现象。某些情况下必须采用加热气体介质来置换，才能将潜存在容器内部的易燃易爆混合气赶出来。因此，置换作业必须以气体成分化验分析达到合格为准。容器内部的取样部位应是具有代表性的部位，并以动火前取得的气体样品分析值是否合格为准。以水作为置换介质时，将容器灌满即可。

未经置换处理，或虽已置换但尚未分析化验气体成分是否合格的燃料容器，均不得随意动火焊补，避免造成事故。

4. 正确清洗

容器及管道进行置换处理后，其内外都必须仔细清洗。因为有些可燃易爆介质被吸附在设备及管道内壁的积垢或外表面的保温材料中，液体可燃物会附着在容器及管道的内壁上。如不彻底清洗，由于温度和压力变化的影响，可燃物会逐渐释放出来，使本来合格的动火条件变成不合格，从而导致火灾爆炸事故。

可用热水蒸煮、酸洗、碱洗或用溶剂清洗，使设备及管道内壁上结垢物等软化溶解而除去。采用何种方法清洗应根据具体情况而定。

油类容器、管道的清洗，可以用10%（质量百分数）的氢氧化钠（火碱）水溶液洗数遍，也可以通入水蒸气进行蒸煮，然后再用清水洗涤。配制碱液时应先加冷水，然后分批加入计算好的火碱碎块（切忌先加碱块后加水，以免碱液发热涌出伤害焊工），搅拌溶解。有些油类容器如汽油桶，因汽油较易挥发，故可直接用蒸气流吹洗。

对于用清洗法不能除尽的积垢，由操作人员穿戴防护用品，进入设备内部用不产生火花的工具铲除，如木质、黄铜（含铜70%以下）或铝质的刀、刷等，也可用水力、风动和电动机械等方法清除。置换和清洁必须注意不留死角。

盛装其他介质的容器和管道，可以根据积垢性质采用酸性或碱性溶液清洗。例如清除铁锈等，用浓度为8% ~ 15%的硫酸比较合适，因为硫酸可使各种形式的铁锈转变为硫酸亚铁。

无法清洗的特殊情况下，在容器外焊补动火时应尽量多灌装清水，以缩小容器内可能形成的爆炸性混合物空间。容器顶部须留出与大气相通的孔口，以防止容器内压力上升。在动火时应保证不间断地进行机械通风换气，以稀释可燃气体和空气的混合物。

5. 动火分析

动火分析就是对设备和管道以及周围环境的气体进行取样分析，合格后方可焊接。在置换作业过程中和动火作业前，应不断从容器及管道内外的不同部位取气体样品进行分析，检查易燃易爆气体及有毒有害气体的含量。检查合格后，应尽快实施焊补，动火前0.5 h内分析数据有效，否则要重新取样分析。焊补开始后每隔一定时间仍要对作业现场环境进行分析，如有关气体的含量超过安全要求，应立即停止作业，再次清洗并取样分析，直到合格为止。

根据《化学品生产单位受限空间作业安全规范》（AQ 3028—2008），气体分析的合格要求如下：

（1）可燃气体或可燃蒸气的含量：爆炸下限大于4%的，浓度应小于0.5%；爆炸下限小于4%的，浓度应小于0.2%。

（2）有毒有害气体的含量应符合《工业企业设计卫生标准》（GBZ 1—2010）和《工作场所有害因素职业接触限值　第2部分：物理因素》（GBZ 2.2—2007）的规定。

（3）对于操作者须进入内部进行焊补的设备及管道，氧气含量应为 18% ~21% 。

6. 严禁焊补未开孔洞的密封容器

焊补前要打开所有的人孔、手孔、观察孔、清洁孔及料孔等，保持良好的通风。严禁焊补未开孔洞的密封容器。

容器和管道需气焊和气割时，焊、割炬的点火和熄火应在容器外部进行，以防过多的乙炔气聚集在容器及管道内。

7. 安全组织措施

（1）必须按照规定的要求和程序办理动火审批手续。制定安全措施，明确领导者的责任。承担焊补工作的焊工应经过专门培训，并经考核取得相应资格证书。

（2）工作前制定切实可行的方案，包括作业程序和规范、安全措施及施工图等。通知有关消防队、急救站、生产车间等各方面做好应急安排。

（3）工作地周围 10 m 以内应停止其他用火工作，易燃易爆物品应转移到安全场所。电焊机二次回路线及气焊设备要远离易燃物，防止操作时因线路发生火花或乙炔漏气造成起火。

（4）现场需要足够的照明，应使用带有防护罩的安全行灯和其他安全照明灯具，电源使用 12 V 安全电压。

（5）在禁火区内进行动火作业以及在容器和管道内进行焊补作业时，必须设监护人。监护人应由有经验的人员担任，并应明确职责、坚守岗位。

（6）进入容器或管道进行焊补作业，必须严格执行有关安全用电的规定，采取必要的防护措施。

四、带压不置换焊补的安全技术措施

1. 严格控制含氧量

动火前应对容器内气体成分进行分析化验，以保证含氧量不超过安全值。所谓安全值就是在混合气中，当氧的含量低于某一极限值时，不会形成达到爆炸极限的混合气，也就不会发生爆炸。含氧量的这个极限值也称极限含氧量，只有这一指标得到控制，才可使焊接工作安全进行。目前，有些部门规定可燃气体如氢气、一氧化碳、乙炔和发生炉煤气等混合气体中极限含氧量以不超过 1% 为安全值。在动火前和整个焊补操作过程中，都要始终稳定控制系统中的含氧量低于安全值，加强气体分析（可安装氧气自动分析仪），发现系统中氧气含量增高时，应尽快查出原因及时排除。氧气含量超过安全值时应立即停止焊接。

2. 正压操作

在焊补的整个过程中，容器及管道必须连续保持稳定的正压状态，这是安全操作的关键。一旦出现负压，空气进入正在焊补的容器或管道中，就容易发生爆炸。

压力大小的选择，一般以不猛烈喷火为宜。压力一般控制在 0.015 ~ 0.049 MPa。压力太大，气体流量、流速大，喷出的火焰猛烈，焊条熔滴易被气流冲走，给焊接造成困难，甚至使熔孔扩大，造成事故。压力太小，造成压力波动，焊补时空气渗入容器和管道，形成爆炸性混合气体。因此。在选择压力时，要有一个较大的安全系数。在这个范围内，根据设备管道损坏程度和容器本身可能降低的压力等情况，以不猛烈喷火为原则，具体选定压力大小。总之，对压力的要求就是应保持连续不断的低压稳定气流。穿孔裂纹越小，压力调节的范围越大，可使用的压力亦越高；反之，应考虑较小的压力。但在任何情况下禁止负压条件下焊接。

3. 严格控制动火点周围可燃气体的含量

严格控制动火点周围可燃气体的含量（浓度），使周围的混合气体不致发生爆炸。无论是在室内还是在室外进行带压不置换焊补作业时，周围滞留空间可燃气体的含量以小于 0.5% 为宜。取样部位应考虑可燃气的性质（如比重、挥发性）和厂房建筑的特点等，应注意检测数据的准确性和可靠性，确认安全可靠时再动火焊补。

室内焊补时，应打开门窗进行自然通风。必要时，还应采用机械通风，以防止爆炸性混合气体的形成。

4. 焊补操作的安全要求

（1）焊接前要引燃从裂缝逸出的可燃气体，形成一个稳定的燃烧系统。在引燃和动火操作时，焊工不可正对动火点，以免出现压力突增，火焰急剧喷出烧伤作业人员。

（2）焊接规范应按规定的工艺预先调整好，特别是压力在 0.1 MPa 以上和钢板较薄的设备，防止因电流过大或操作不当，在介质压力的作用下烧穿造成更大的孔。

（3）当动火条件发生变化，如系统内压力急剧下降到所规定的限度或含氧量超过允许值时，应立即停止焊补，待查明原因采取相应对策，方可继续进行焊补。

（4）焊补过程中如遇着火，应立即采取灭火措施。火未熄灭前，不得切断可燃气来源，也不得降低或消除容器和管道的压力，以防止容器和管道吸入空气形成爆炸性混合气体。

（5）焊补前要先弄清待焊部位的情况，如穿孔裂纹的位置、形状、大小及焊补的范围等，采取相应的措施，如较长裂纹采用打止裂孔的办法再补焊等。

（6）有关安全组织措施同置换焊补安全组织措施，还要注意以下几点：

①防护器材的准备现场要准备几套长管式防毒面具。由于带压焊接在可燃气体未点燃前会有大量超过允许浓度的有害气体逸出，施工人员戴上防毒面具，是确保人身安全的重要措施。还应准备大量必要的灭火器材。

②做好严密的组织工作，要有专人统一指挥，各重要环节均应有专人负责。

③焊工要有较高的技术水平和丰富的焊接经验，焊接工艺参数、焊条选择要适当，操作时准确快速，不允许技术差、经验少的焊工带压焊接。

燃料容器和管道的带压不置换焊补是一项新技术，爆炸因素比置换焊补时多，稍不注意就会给财产和人身安全带来严重后果。操作时需多部门紧密配合。在企业生产、安全、技术等方面未采取有效措施前，任何人不得擅自进行带压不置换焊补作业。

五、急性中毒事故的现场处理原则

发生中毒事故，抢救必须及时、果断，正确实施抢救。事故发现者应立即报警并通知有关指挥负责人，立即与医疗卫生机构取得联系，同时做好以下几项工作：

（1）参加抢救人员必须听从统一指挥，如需进入现场，应首先做好自身防护，正确穿戴适宜、有效的防护器具，而后实施救护。

（2）搬运中毒患者，应使患者侧卧或仰卧，保持头低位，抬离现场必须在空气新鲜、温度适宜的通风处，患者呼吸停止时应采取人工呼吸等措施。

（3）尽快查明毒物性质和中毒原因，便于医护人员正确制定救护方案，防止事故范围进一步扩大。

第二节　高处焊接与切割作业

焊工在坠落高度基准面 2 m 以上（包括 2 m）有可能坠落的高处进行的作业，称为高处焊接与切割作业。由于高处操作往往空间小、不方便，发现事故征兆很难作紧急回避，发生事故的可能性较大，事故严重程度高，必须加以特殊防护。我国将高处作业列为危险作业，并分为四级，见表 2-1。

表 2-1　高处作业的级别

级别	一	二	三	四
距基准面高度/m	2~5	5~15	15~30	30

高处作业存在的主要危险是坠落，而高处焊接与切割作业的安全

问题不仅要防坠落，还要防触电、防火防爆以及其他个人防护等。

一、预防高处触电的安全措施

（1）高处作业应避开高压线、裸导线及低压电源线。不可避开时，上述线路必须停电。开关闸盒上挂"有人工作，严禁合闸"的警示牌。

（2）实行专人监护制，派专人监护，密切注意焊工动态，随时准备拉闸。

（3）电焊机及其他焊接与切割设备应在高处焊接与切割作业点的下部地面 10 m 以外，并应设监护人，以备紧急时立即切断电源采取其他抢救措施。

（4）高处焊接时，不准使用带有高频振荡器的焊机，以防止作业焊工失足坠落。

（5）不得将焊钳、电缆线搭在肩上或缠绕腰间。电缆线应系在脚手架及其他设施上，严禁踩在脚下。

二、预防高处坠落的安全措施

（1）高处进行焊接与切割作业者，应佩戴合格的个人防护装置，并穿戴安全绝缘鞋，使用符合国家标准的防火安全带。安全带应牢固可靠，长度适宜。

（2）登高的梯子应符合安全要求，梯脚包防滑橡胶；单梯与地面夹角应大于60°。上下端均应放置牢靠，人字梯要有限跨钩。不准两人在一个梯子上（或人字梯同一侧）同时作业。禁止使用盛装过易燃易爆物质的容器（如油桶、电石桶等）作为登高的垫脚物。

（3）高处进行焊接与切割作业前应对脚手板进行检查，不得使用有腐蚀或机械损伤的木板或铁木混合板；脚手板宽度单人道不得小于0.6 m，双行人道宽1.2 m，上下坡度不得大于1:3，板面要钉防滑条，脚手架外侧应按规定加装围栏防护。安全网的架设应外高里低，要张挺平整，不留缺口。

三、预防高处落物伤人的安全措施

（1）所使用的焊条、工具、小零件等必须装在牢固的无孔洞的工具袋内。

（2）焊条头不得乱扔，以防止烫伤、砸伤地面人员，或引起火灾。工作过程中和结束后应随时将作业点周围的一切物件清理干净。

四、预防火灾的安全措施

（1）高处进行焊接与切割作业时，应把动火点下部易燃易爆物品移至安全地点。确实无法移动的可燃物品要采取可靠的防护措施。如用石棉板遮盖严或在允许的情况下喷水淋湿，增强耐火性能。

（2）工作现场 10 m 以内要设栏杆挡隔。工作过程中要有专人观察火情。

（3）作业现场必须配备足够量且有效的消防器材。

（4）焊接使用的橡胶软管严禁缠绕在身上进行操作。

五、其他注意事项

（1）焊接与切割作业人员必须经过严格培训和考核合格，持证上岗。

（2）患有高血压、心脏病、精神病及酒后人员等不适合高处作业的人员不得进行高处焊接与切割作业。高处作业人员必须经健康检查合格。

（3）恶劣天气，如六级以上大风、下雨、下雪或雾天，不得进行高处焊接与切割作业。

第三节　受限空间焊接与切割作业

受限空间焊接与切割作业是焊工在受限空间进行焊接与切割的作业。受限空间是指同时符合以下条件的作业空间：

（1）足够大且具有一定的形状，工作人员能够进入并执行指定的工作。

（2）进出或作业时受到局限和限制。

（3）空间内曾经或可能含有有毒有害物质或处于缺氧/富氧状态，或处于其他可能危害人员安全和健康的状态。

（4）不是用于人员连续占用的空间。

受限空间焊接与切割作业的主要危险为防中毒窒息、防触电、防火防爆以及其他等。因此，受限空间焊接与切割作业除应严格遵守一般焊接与切割的安全要求外，根据《化学品生产单位受限空间作业安全规范》（AQ 3028—2008）要求还必须遵守以下安全要求。

一、预防中毒窒息的安全措施

1. 安全隔绝

（1）受限空间与其他系统连通的可能危及安全作业的管道应采取有效隔离措施。

（2）管道安全隔绝可采用插入盲板或拆除一段管道进行隔绝，不能用水封或关闭阀门等代替盲板或拆除管道。

（3）与受限空间相连通的可能危及安全作业的孔、洞应严密封堵。

（4）受限空间带有搅拌器等用电设备时，应在停机后切断电源，上锁并加挂警示牌。

2. 清洗或置换

在受限空间进行作业前，应根据受限空间盛装（过）物料的特性，对受限空间进行清洗或置换，并达到下列要求：

（1）氧含量一般为18%～21%，在富氧环境下不得大于23.5%。

（2）有毒气体（物质）浓度应符合《工作场所有害因素职业接触限值　第1部分：化学有害因素》（GBZ 2.1—2019）的规定。

3. 通风

（1）应采取措施，保持受限空间空气良好流通。

（2）打开人孔、手孔、料孔、风门、烟门等与大气相通的设施进行自然通风。

（3）必要时，可采取强制通风。

（4）采用管道送风时，送风前应对管道内介质和风源进行分析确认。

（5）禁止向受限空间充氧气或富氧空气。

4. 监测

（1）作业前 30 min 内，应对受限空间进行气体采样分析，分析合格后方可进入。

（2）分析仪器应在校验有效期内，使用前应保证其处于正常工作状态。

（3）采样点应有代表性，容积较大的受限空间，应在上、中、下各部位取样。

（4）作业中应定时监测，至少每 2 h 监测一次，如监测分析结果有明显变化，则应加大监测频率；作业中断超过 30 min 应重新进行监测分析，对可能释放有害物质的受限空间应连续监测。情况异常时应立即停止作业，撤离人员，经对现场处理，并取样分析合格后方可恢复作业。

5. 个体防护措施

（1）受限空间经清洗或置换不能达到要求时，应采取相应的防护措施方可作业。

（2）在缺氧或有毒的受限空间作业，应佩戴隔离式防护面具，必要时作业人员应拴带救生绳。

（3）在有酸碱等腐蚀性介质的受限空间作业，应穿戴好防酸碱工作服、工作鞋、手套等护品。

二、预防触电的安全措施

（1）受限空间照明电压应小于或等于 36 V，在潮湿容器、狭小容器内作业电压应小于或等于 12 V。

（2）使用超过安全电压的手持电动工具作业或进行电焊作业时，应配备漏电保护器。在潮湿容器中，作业人员应站在绝缘板上，同时保证金属容器接地可靠。

（3）临时用电应办理用电手续，按《用电安全导则》（GB/T 13869—2017）规定架设和拆除。

（4）实行专人监护制，派专人监护，密切注意焊工动态，随时准备拉闸。

（5）不得将焊钳、电缆线搭在肩上或缠绕腰间，电缆线严禁踩在脚下。

三、预防火灾爆炸的安全措施

（1）可燃气体浓度：当被测气体或蒸气的爆炸下限大于或等于 4% 时，其被测浓度不大于 0.5%（体积百分数）；当被测气体或蒸气的爆炸下限小于 4% 时，其被测浓度不大于 0.2%（体积百分数）。

（2）在易燃易爆的受限空间作业时，应穿防静电工作服、工作鞋，使用防爆型低压灯具及不发生火花的工具。

（3）监测（见预防中毒窒息的安全措施中"监测"）。

四、其他注意事项

焊接与切割作业人员必须经过严格培训和考核合格，持证上岗。

1. 监护

（1）受限空间作业，在受限空间外应设有专人监护。

（2）进入受限空间前，监护人应会同作业人员检查安全措施，统一联系信号。

（3）在风险较大的受限空间作业，应增设监护人员，并随时保持与受限空间作业人员的联络。

（4）监护人员不得脱离岗位，并应掌握受限空间作业人员的人数和身份，对人员和工器具进行清点。

2. 应急

（1）监护人员应掌握应急救援的基本知识。

（2）监护人员应了解受限空间作业可能面临的危害，对作业人员出现的异常行为能够及时警觉并做出判断。与作业人员保持联系和交流，观察作业人员的状况。

（3）当发现异常时，监护人员立即向作业人员发出撤离警报，并帮助作业人员从受限空间逃生，同时立即呼叫紧急救援。

（4）作业人员作业前应与监护人员进行必要的、有效的安全、报警、撤离等双向信息交流。

（5）作业人员服从作业监护人的指挥，如发现作业监护人员不履行职责时，应停止作业并撤出受限空间。

（6）作业人员在作业中如出现异常情况或感到不适或呼吸困难时，应立即向作业监护人发出信号，迅速撤离现场。

3. 其他

（1）在受限空间进行动火作业应遵守《化学品生产单位动火作业安全规范》（AQ 3022—2008）的规定。

（2）多工种、多层交叉作业应采取互相之间避免伤害的措施。

（3）在受限空间进行作业时应在受限空间外设置安全警示标志。受限空间出入口应保持畅通。

（4）作业人员不得携带与作业无关的物品进入受限空间，作业中不得抛掷材料、工器具等物品。

（5）受限空间外应备有空气呼吸器（氧气呼吸器）、消防器材和清水等相应的应急用品。

（6）严禁作业人员在有毒、窒息环境中摘下防毒面具。

（7）难度大、劳动强度大、时间长的受限空间作业应采取轮换作业措施。

（8）作业前后应清点作业人员和作业工器具。作业人员离开受限空间作业点时，应将作业工器具带出。

（9）作业结束后，由受限空间所在单位和作业单位共同检查受限空间内外，确认无问题后方可封闭受限空间。

第四节　海洋石油典型的电气焊作业

一、井口区域的电气焊作业

当井口区域的采油（气）树本体及管线、管汇由于工作需要必须进行电气焊作业时，必须按《海洋石油设施热工（动火）作业安全规程》（SY 6303—2016）、《石油工程建设施工安全规范》（SY/T 6444—2018）、《热工作业安全管理要求》（QHS 4008—2010）（海油总企标）等标准规范的要求，还应遵守所在设施的安全管理规定和程序。

1. 采油（气）树本体

（1）采油（气）树一般都装有井上安全阀和井下安全阀，其阀控制是由电控、气控液压，井口区则有井上、井下安全阀控制盘。

（2）在采油（气）树本体动火时，应关闭井上、井下安全阀，但必须由平台指定的专业人员操作，其他人员严禁操作。

（3）需要拆掉采油（气）树部件，才能实施动火作业时，也必须由平台指定的专业人员来操作，不得由动火人员擅自行动。拆除后，严格检查是否还符合动火作业条件，如不符合，停止作业立即整改直至达到条件。

（4）必须由两台以上可燃气体监测仪进行监测达标后才可实施动火作业。

（5）有的油井没有井下安全阀，只有井上安全阀，但此油井没有自喷能力，这时井口安全阀必须完全可靠。如井口安全阀失灵不能关停，这时必须与平台主管人员联系，制定安全可靠的措施，并上报审批部门讲明情况待批。

2. 井口区域管线、管汇

（1）井口区域所有井口的井上、井下安全阀都必须是正常的，如遇火灾可随时可关闭所有的油（气）井。

（2）有条件的情况下（或停止生产）应对所要实施明火作业的管线、管汇进行清洗，经检测达标后方可实施明火作业。

（3）如无法清洗可用惰性气体进行置换。

二、生产区域管线、管汇的电气焊作业

（1）清洗管线、管汇使其内壁无油污痕，达标并在油气源头处加钢质盲板及密封垫子，使其绝对隔绝油气来源。

（2）无法清洗干净的管线、管汇，可采取惰性气体置换方法，直至内部气体低于爆炸混合气体下限10%，方可实施动火作业。

三、油舱/罐、压力容器本体内外动火作业安全要求

海上平台的油舱、油罐一旦损坏，应当进行本体焊接。实施本体内外电气焊作业的危险性较大，因此作业前必须要对舱罐结构、尺寸、装油种类以及管线、管汇的连接情况等进行详细的了解，找出其原始的设计图纸及资料，制定可靠的安全措施。如遇实际情况与设计资料不相符的情况，则必须与平台技术人员协商。

1. 本体内动火作业安全要求

本体内动火作业必须清除舱、罐内油垢并进行清洗，达标后方可实施动火作业。

（1）洗舱舱室惰化后氧气体积比含量低于5%（此含氧量下的混合气体不会燃烧、爆炸），并保持舱室气体压力为正压，使空气不能进入舱室。

（2）洗舱过程中，舱室可燃气体含量应低于爆炸下限的10%，舱室氧气体积含量一般为18%～21%。

（3）人员必须穿防静电服装，在进入舱室前清除身体所带静电电荷。

（4）舱室本体接地，与舱室连接的管系应接防静电电缆。

（5）通信、仪表、测试仪（包括可燃气体及氧气测试仪）均应防爆；照明灯具不但应防爆，还应按规范的电压等级使用；其他工具

如钻头、螺丝刀、扳手、扁铲等均应是不起火花的材料物质（铜质）。

（6）舱室通风设备必须是防爆（如水力风机）且风量够大的风机，在舱室内进行动火作业和动火作业完毕检查期间，应一直保持足量的通风。

（7）舱室达到可电气焊作业的条件时，可进行电气焊作业，但必须按热工作业和进入限制空间程序进行。

2. 本体外动火作业安全要求

（1）对整体结构要了解清楚，与其相连的管系及设备容器等必须采取隔离、盲堵，使其舱、罐为独立体。

（2）根据舱、罐内油液面高低，算出空间数值并测其空间的可燃气体含量，制定充置惰性气体（如二氧化碳、氮气等）计划和措施。

（3）舱、罐惰性气体置换后，测试其可燃气体含量应在爆炸极限 10% 以下，氧气含量应在 5% 以下。

（4）置换后的舱、罐应封闭，以免空气进入，其本体内应保持大于 0.05 MPa 表压的正压，如不能封盖入孔、阀、测量口等小型孔洞的舱、罐，应保证惰性气体在动火期间连续充置，其舱、罐内保持正压，并不断测试孔、洞排出气体中的可燃气体。

（5）氧气含量应符合安全标准，如超标，应停止动火作业，直至整改达标后方可继续作业。

（6）舱、罐外本体动火作业，应根据其壁板材质、厚度、热传递情况，选择适用的焊机、焊条、电流大小、焊接深度。

（7）油舱、油罐外本体动火作业时，由于条件原因也可以加满液体进行作业，但在排空时难度较大。

第三章　气焊与气割

第一节　气焊与气割的基本原理及安全特点

一、气焊

1. 气焊的特点及适用范围

气焊是利用可燃气体与助燃气体混合燃烧的火焰去熔化工件接缝处的金属和填充材料，以达到金属牢固连接的一种熔化焊接方法。

与焊接电弧相比，气焊火焰的温度较低，热量较分散。因此，气焊的生产率低，焊接变形较严重，焊接接头显微组织粗大，过热区较宽，综合力学性能较差。但气焊熔池温度容易控制，有利于实现单面焊双面成形。同时气焊还便于预热和后热。所以气焊常用于薄板材焊接、低熔点材料焊接、管子焊接、铸铁补焊、工具钢焊接以及无电源的野外施工等。此外，气焊所用的火焰常用来作火焰钎焊的热源，也可作火焰矫正构件变形的热源。

目前气焊所适用的场合常常被各种电弧焊方法（如钨极氩弧焊、微束等离子弧焊和熔化极气体保护焊）高效优质地完成，因此气焊的应用范围正逐渐缩小。

2. 气焊热源

自身能够燃烧的气体叫作可燃气体，工业上常采用的可燃气体有氢和碳氢化合物，如乙炔、丙烷、丙烯、天然气（甲烷）、煤气、沼气等。

气焊火焰有氧 – 乙炔焰、氢氧焰和氧 – 液化石油气（丙烷气）

焰等。

氢、氧混合燃烧形成的火焰称为氢氧焰，是气焊最早使用的火焰。由于其燃烧速度低（约2770℃）且容易发生爆炸事故，未被广泛应用于工业生产，目前主要用于铅的焊接及水下火焰切割等。氧－液化石油气焰的温度比氧－乙炔焰要低（丙烷在氧气中的燃烧温度为2000~2850℃），主要用于金属切割和低熔点有色金属的焊接。用于气割时，金属预热时间稍长，但可以减少切口边缘的过烧现象，切割质量较好；切割多层叠板时，切割速度比使用乙炔快20%~30%。国外还有采用乙炔与液化石油气体混合作为焊接气源。

可燃气体的发热量与火焰温度见表3－1。

表3－1　可燃气体的发热量与火焰温度

气体名称	发热量/ $(kg \cdot m^{-3})$	火焰温度/ ℃	气体名称	发热量/ $(kg \cdot m^{-3})$	火焰温度/ ℃
乙炔	52963	3100	天然气（甲烷）	37681	2540
丙烷	85764	2520	煤气	20934	2100
丙烯	81182	2870	沼气	33076	2000

注：火焰温度指中性焰的温度。

3. 气焊火焰的性质及分类

氧－乙炔焰具有很高的温度（约3200℃），热量相对集中，是气焊中主要采用的火焰。

氧－乙炔焰是氧气和乙炔混合燃烧的火焰。乙炔（C_2H_2）在氧气（O_2）中的燃烧过程可以分为两个阶段，首先乙炔在加热作用下被分解为碳（C）和氢（H_2），接着碳和混合气中的氧发生反应生成一氧化碳（CO），形成第一阶段的燃烧：随后第二阶段的燃烧是依靠空气中的氧进行的，这时一氧化碳和氢气分别与氧发生反应，生成二氧化碳（CO_2）和水（H_2O）。上述反应会释放出热量，即乙炔在氧气中燃烧的过程是一个放热过程。

氧－乙炔焰根据氧和乙炔混合比的不同，可分为中性焰、碳化焰和氧化焰三种类型，其构造和形状如图3－1所示。

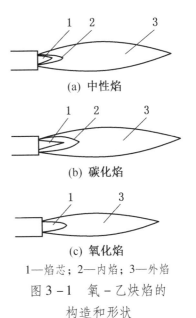

(a) 中性焰

(b) 碳化焰

(c) 氧化焰

1—焰芯；2—内焰；3—外焰

图3－1　氧－乙炔焰的构造和形状

1）中性焰

中性焰是氧与乙炔体积的比值（O_2/C_2H_2）为1.1～1.2的混合气燃烧形成的气体火焰。中性焰在第一燃烧阶段既无过剩的氧又无游离的碳。当氧与丙烷体积的比值（O_2/C_3H_8）为3.5时，也可以得到中性焰。中性焰有三个区别显著的区域，分别为焰芯、内焰和外焰，如图3－1a所示。

（1）焰芯。中性焰的焰芯呈尖锥形，色白而明亮，轮廓清楚。焰芯由氧气和乙炔组成，焰芯外表分布有一层由乙炔分解所生成的碳素微粒，由于炽热的碳粒发出明亮的白光，因而有明亮而清楚的轮廓。

在焰芯内部进行着第一阶段的燃烧。焰芯虽然很亮，但温度较低（800～1200 ℃），这是由于乙炔分解而吸收了部分热量的缘故。

（2）内焰。内焰主要由乙炔的不完全燃烧产物，即来自焰芯的碳和氢气与氧气燃烧的生成物一氧化碳和氢气所组成。内焰位于碳素微粒层外面，呈蓝白色，有深蓝色线条。内焰处在焰芯尖端2～4 mm部位，燃烧量激烈，温度最高，可达3100～3200 ℃。气焊时，一般就利用这个温度区域进行焊接，因而称为焊接区。

（3）外焰。外焰呈淡蓝色，在此区域吸取了空气中的氧，使乙炔达到完全燃烧，生成物为二氧化碳和水蒸气，并有周围空气中的氧和氮混入，故具有一定的氧化性，温度也比较低。

2）碳化焰

碳化焰是氧与乙炔体积的比值（O_2/C_2H_2）小于1.1的混合气燃烧形成的气体火焰，火焰中乙炔过剩，含有游离碳和较多的氢。焊接低碳钢时焊缝会渗碳，火焰温度为2700～3000 ℃。

3）氧化焰

氧化焰是氧与乙炔体积的比值（O_2/C_2H_2）大于1.2的混合气燃烧形成的气体火焰，火焰具有氧化性，过剩氧气会使熔池中合金元素烧损，火焰温度为3100～3300 ℃。

4. 气焊主要工艺参数

气焊的工艺参数包括焊丝的牌号和直径、熔剂种类、火焰种类、火焰能率、焊炬型号和焊嘴的号码、焊嘴倾角和焊接速度等。工艺参数的选择与气焊的工作条件、焊件材质、形状尺寸和焊接位置等有关。

二、气割

气割是利用气体火焰将被切割处的金属预热到能够在氧气流中燃烧的温度（即金属的燃点），然后施加高压氧，使金属剧烈燃烧生成液态氧化物（即熔渣）并被吹掉，从而实现金属的切割。

金属气割过程包括预热→燃烧→吹渣三个阶段，其实质是金属在纯氧中燃烧，并在固态下切割，而不是在熔化状态下被切割的。能够进行气割的金属必须满足下列条件：

（1）金属的熔点要高于金属燃点。这是金属切割的基本条件，只有这样才能保证金属在固态下被切割，否则切割金属首先被熔化，无法进行燃烧反应。同时液态金属的流动性很大，熔化的金属边缘凹凸不平，难以获得平整的切口而呈现熔割状态。

（2）金属的燃烧所形成熔渣的熔点低于金属熔点，否则金属切口表面会形成固态氧化物薄膜，很难被吹除，这会阻碍切割氧气流与下层金属接触，中断金属燃烧过程。

（3）金属在氧气中燃烧并释放大量热量，此热量除补偿工件导热辐射和排渣的散热损失外，还能保证下层金属具有足够的预热温度至燃点，使切割过程连续进行。如切割低碳钢时 70% 的热量是靠金属本身燃烧生成的，而只有 30% 是由预热火焰供给的。

（4）金属的导热不能太快。如果金属的导热性能很高，预热过程所放出的热量将被迅速传散，金属很难达到燃点，会中断气割过程。

（5）熔渣的流动性要好。流动性好的熔渣，可以在高速氧气流吹力下从割缝中及时排除，避免熔渣覆盖，保证切割氧与金属接触，实现切割过程。

由以上所说的切割条件的研究，可以得出结论，纯铁和低碳钢能够最好地满足所有那些条件。提高钢中的含碳量，切割过程变得困难；当含碳量超过 0.7% 时，要求将钢预热到 400～700 ℃；而在含碳量大于 1.0%～1.2% 时就变成完全不可能切割了。

气割工艺参数主要包括：割炬型号和切割氧压力、气割速度、预热火焰能率、割嘴与工件间的倾角、割嘴离工件表面的距离等。

三、气焊与气割的安全特点

气焊与气割的主要危险是火灾与爆炸，因此防火、防爆是气焊、气割的主要任务。

1. 火灾与爆炸

气焊与气割所用的乙炔、液化石油气、氢气等都是易燃易爆气体，使用的容器如氧气瓶、乙炔瓶、液化石油气瓶和乙炔发生器均属于压力容器。而在焊补燃料容器和管道时，还会遇到其他易燃易爆气体及各种压力容器，同时又使用明火操作，如果焊接设备和安全装置有故障，或者操作者违反安全操作规程进行作业等，都有可能引起爆炸和火灾事故。

2. 灼烫

在气焊火焰的作用下，尤其是气割时氧气射流的喷射，使熔料和铁渣四处飞溅，容易造成灼烫事故。而且较大的熔料和铁渣能飞溅到距操作点 5 m 以外的地方，引燃可燃易爆物品，从而发生火灾与爆炸。

3. 烟尘及有害气体的危害

气焊与气割的火焰温度高达 3200 ℃ 以上，被焊金属在高温作用下蒸发成金属蒸气，遇冷凝固形成金属烟尘。在焊接镁、铜、铅等有色金属及其合金时除了这些蒸气外，焊剂还会散发出氯盐的燃烧产物；黄铜焊接过程中蒸发大量锌蒸气，铅焊接过程中蒸发铅和氧化铅蒸气等有害物质。在焊补操作过程中还会遇到产生的其他有毒有害气体，尤其是在密闭容器管道内的气焊、气割操作等均会对焊接作业人员造成危害，也有可能造成焊工中毒。

第二节　气焊与气割常用气体的性质及安全使用要求

能够燃烧并能在燃烧过程中释放出大量能量的气体称为可燃气体。本身不能燃烧，但能帮助其他可燃物质燃烧的气体称为助燃气体。

气焊与气割常用的可燃气体有乙炔（C_2H_2）、氢气（H_2）、液化石油气等，常用的助燃气体是氧气（O_2），使用前需认真阅读相应气体的化学品安全技术说明书。

一、氧气

工业用的氧气是采用空气低温分离技术制取的。其方法是用制氧机将空气压缩、冷却而液化，然后使其在低温条件下蒸发，根据各种气体蒸发温度不同的特点制取氧气，最终再经压缩机将氧气压缩到 11.8 ~ 14.7 MPa 充进特制的钢瓶或管道内。

在常温常压下，氧气是一种无色无味无毒的气体，其分子式为 O_2，在标准状态下密度为 1.429 kg/m^3（空气为 1.29 kg/m^3）。在 −183 ℃ 时气态氧变成极易挥发的液态氧，温度降到 −218 ℃ 时液态氧则变成淡蓝色的固体氧。

二、乙炔

乙炔俗称电石气，是一种不饱和的碳氢化合物，分子式为 C_2H_2，其化学性质活泼，在常温常压下是一种无色、高热值的易燃易爆气体。工业用乙炔因含有硫化氢和磷化氢等杂质，有一种特殊的臭味和毒性。在标准状态下，乙炔密度为 $1.17\ kg/m^3$，比空气轻。乙炔液化温度为 $-82.4\sim-83.0\ ℃$ 或更低时，乙炔将变成固体，液态和固态的乙炔在一定条件下可因摩擦和冲击而爆炸。

乙炔能够溶解在许多液体中，特别是有机液体中，如丙酮。乙炔溶解于液体中的溶解度与其压力成正比，与其温度成反比。在温度为 $15\ ℃$（$0.1\ MPa$）时，乙炔溶解于各种液体溶剂内的溶解度见表 3 - 2。温度变化时，乙炔的溶解度见表 3 - 3。

表 3 - 2　乙炔在液体溶剂内的溶解度

溶剂	溶解度（L/L）	溶剂	溶解度（L/L）
石灰乳	0.75	汽油	5.7
水	1.15	酒精	6
松油	2	醋酸甲酯	14.8
苯	4	丙酮	23

表 3 - 3　每升丙酮所溶解的乙炔量

温度/℃	-20	-15	-10	-5	0	5	10	15	20	25	30	35	40
溶解乙炔量/L	52	47	42	37	33	29	26	23	20	18	16	14.5	13

压力增大到 $1.42\ MPa$ 时，$1\ L$ 丙酮能溶解 $400\ L$ 乙炔。人们就是利用乙炔能大量溶于丙酮溶剂中这个特性，将乙炔装入乙炔瓶内来储存、运输和使用的。

三、液化石油气

液化石油气（简称石油气）是石油炼制工业的副产品，其主要成分是丙烷（C_3H_8），占 50% ~ 80%，其余是丙烯（C_3H_6）、丁烷（C_4H_{10}）、丁烯（C_4H_8）等。在常温和大气压力下，组成石油气的这些碳氢化合物以气态存在。但是只要加上不大的压力（一般为 0.8 ~ 1.5 MPa）即变为液体，液化后便于装入瓶中储存和运输。在标准状态下，石油气的密度为 1.8 ~ 2.5 kg/m^3，比空气重，但其液体的比重则比水、汽油轻。

（1）气态石油气比空气重（比重约为空气的 1.5 倍），易于向低处流动而滞留积聚。液化石油气比汽油轻，能漂浮在水沟的液面上，随水流动并在死角处聚集，而且易挥发，如果以液体流动会扩散成350 倍的气体。因此，使用、储存石油气时应采取安全措施，如暖气沟进出口应砌砖抹灰，电缆沟进出口应填装沙土，下水道应装水封等。室内应有良好通风。通风口除设在高处外，还应设在低处，这样有利于对流。

（2）石油气对普通橡胶导管和衬垫有腐蚀性，能引起漏气，必须采用耐油性强的橡胶导管和衬垫，不能随便更换而采用普通橡皮管和衬垫。

（3）石油气瓶内部的压力与温度成正比。在 – 40 ℃ 时，压力为0.1 MPa，在 20 ℃ 时为 0.7 MPa，40 ℃ 时为 2 MPa。因此石油气瓶与热源、暖气、电源等应保持 1.5 m 以上的安全距离，更不许用火烤。

（4）石油气有一定毒性，空气中含量很少时，人呼吸了一般不会中毒。但当它的浓度较高时，就会引起人的麻醉；在石油气浓度大于 10% 的空气中停留 3 min 后，会使人头脑发晕。

四、氢气

氢是一种无色无味的气体，比重为 0.07，比空气轻 14.38 倍，是最轻的气体。它具有最大的扩散速度和很高的导热性，其导热效能比空气大 7 倍，极易泄漏，点火能力低，被公认为是一种极危险的易燃易爆气体。

氢在空气中的自燃点为 560 ℃，在氧气中的自燃点为 450 ℃。

氢氧火焰的温度可达 2770 ℃。氢具有很强的还原性，在高温下，它可以从金属氧化物中夺取氧而使金属还原。氢氧火焰广泛应用于水下火焰切割，以及某些有色金属的焊接和氢原子焊等。

氢与空气混合可形成爆鸣气，其爆炸极限为 4% ~80%，氢与氧混合气的爆炸极限为 4.65% ~93.9%。氢与氯气的混合物（1∶1）见光即行爆炸，当温度达 240 ℃ 时即能自燃。氢与氟化合时能发生爆炸，甚至在阴暗处也会发生爆炸。因此，氢是一种很不安全的气体。

第三节　常用气瓶的结构、安全使用要求及储存与运输

用于气割与气焊的氧气瓶和氢气瓶属于压缩气瓶，乙炔瓶属于溶解气瓶，液化石油气瓶属于液化气瓶。气瓶颜色的标志执行国家标准《气瓶颜色标志》（GB/T 7144—2016）。

一、氧气瓶的结构和安全使用要求

1. 氧气瓶的结构及瓶阀

1）氧气瓶的结构

氧气瓶是储存和运输氧气的专用高压容器，其结构如图 3-2 所示。

氧气瓶由瓶体、胶圈、瓶箍、瓶阀和瓶帽五部分组成。瓶体外部装有两个防震胶圈，瓶体表面为淡（酞）蓝色，并用黑漆标明"氧气"字样，用以区别其他气瓶。为使氧气瓶平稳直立地放置，制造时把瓶底挤压成凹弧面形状。为了保护瓶阀在运输中免遭撞击，瓶阀外套有瓶帽。氧气瓶在出厂前都要经过严格检验，并需对瓶体进行水压试验。试验压力应达到工作压力的 1.5 倍（22.5 MPa）。

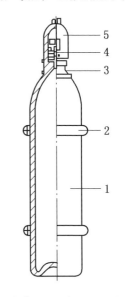

1—瓶体；2—胶圈；3—瓶箍；
4—瓶阀；5—瓶帽

图 3-2　氧气瓶的结构

使用中的氧气瓶一般每3年检验1次，复验时要做水压试验，并要检查瓶壁腐蚀情况。气瓶的容积、质量、出厂日期、制造厂名、工作压力以及复验情况等项说明，都应在钢瓶收口处钢印中反映出来，如图3-3、图3-4所示。

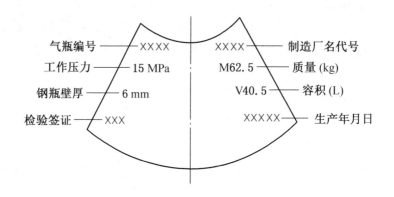

图3-3　氧气瓶肩部标记

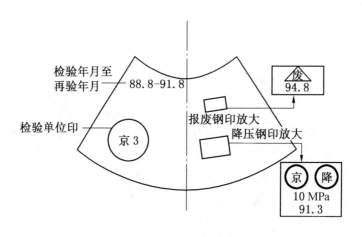

图3-4　复验标记

目前，我国生产的氧气瓶规格（表3-4）最常见的容积为40 L，当瓶内压力为15 MPa表压时，该氧气瓶的氧气储存量为6000 L（即6 m³）。

表 3 - 4　氧 气 瓶 规 格

颜色	工作压力/MPa	容积/L	外径尺寸/mm	瓶体高度/mm	质量/kg	水压试验压力/MPa	采用瓶阀规格
天蓝	15	33	φ219	1150 ± 20	45 ± 2	22.5	QF - 2 型铜阀
		40		1370 ± 20	55 ± 2		
		44		1490 ± 20	57 ± 2		

2）氧气瓶阀

氧气瓶阀是控制氧气瓶内氧气进出的阀门。国产的氧气阀门结构分为两种：一种是活瓣式，另一种是隔膜式。隔膜式阀门气密性好，但容易损坏，使用寿命短。因此多采用活瓣式阀门，其结构如图 3 - 5 所示。

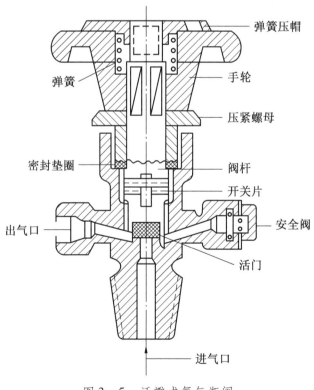

图 3 - 5　活瓣式氧气瓶阀

活瓣式氧气瓶阀主要由阀体、密封垫圈、手轮、压紧螺母、阀杆、开关片、活门及安全装置等组成。除手轮、开关片、密封垫圈外，其余都是由黄铜或青铜压制和机加工而成的。为使瓶口和瓶阀紧密结合，将阀体和氧气瓶口结合的一端加工成锥形管螺纹，以旋入气瓶口内；阀体的出气口处加工成定型螺纹，用以连接减压器。阀体的出气口背面装有安全装置。

需要使用氧气时，将手轮逆时针方向旋转，开启氧气瓶阀门。旋转手轮时，阀杆也随之转动，再通过开关片使活门一起转动，造成活门向上或向下移动。活门向上移动，气门开启，瓶内的氧气从出气口喷出。活门向下压紧时，由于活门内嵌有用尼龙材料制成的气门垫，因此可以使活门密闭。瓶阀活门上下移动的范围为 1.5～3 mm。

2. 氧气瓶的安全使用要求

（1）氧气瓶禁止与油脂接触。当焊工手或活扳手上沾有油污时，应先擦洗干净，然后再接触气瓶。

（2）氧气瓶应与易燃易爆物品相隔离，距离明火与热源 10 m 以上。

（3）冬季使用氧气瓶，如遇瓶阀或减压器冻结现象，可用温水解冻，禁止用明火烘烤。

（4）氧气瓶内的氧气不准用尽，应保留 0.1 MPa 以上表压的余气，并关紧阀门，以防止其他气体倒流入瓶内。

（5）电焊、气焊在同一场地工作时，氧气瓶不得置于可能使其本身成为电路一部分的区域（瓶底要垫绝缘物），且严禁在气瓶上引弧。

（6）开启瓶阀时注意动作要缓慢，阀门必须完全打开以防气体沿阀杆泄漏。人要站在瓶嘴侧面，同时注意避免氧气流朝向人体、易燃气体或火源喷出。

（7）夏季露天作业时，氧气瓶应防止暴晒，以免瓶内气体受热膨胀超压，储存瓶装气体实瓶（指充装有规定量气体的气瓶）时，存放空间内的温度不得超过 40 ℃。

（8）随时检查防震胶圈的完好情况，为保护瓶阀，使用后应装好瓶帽。

（9）禁止单人肩扛氧气瓶，气瓶无防震圈或在气温 –10 ℃ 以下时，禁止用转动方式搬运氧气瓶。

（10）禁止用手托瓶帽来移动氧气瓶。

（11）氧气瓶不应停放在人行通道上，防止被物体撞击、碰倒。如有困难，应采取妥善防护措施。

二、乙炔瓶的结构和安全使用要求

1. 乙炔瓶的结构及瓶阀

1）乙炔瓶的结构

乙炔瓶是储存和运输乙炔气的压力容器，瓶体表面涂白漆为白色，"乙炔不可近火"字样为大红色。因乙炔不能用高压压入瓶内储存，所以乙炔瓶的内部构造较氧气瓶要复杂得多。乙炔瓶内有微孔填料布满其中，而微孔填料中浸满丙酮，利用乙炔易溶解于丙酮的特点，可使乙炔稳定、安全地储存在乙炔瓶中。乙炔瓶的结构如图 3 – 6 所示。

瓶阀下面中心连接一锥形不锈钢网，内装石棉或毛毡，其作用是帮助乙炔从丙酮溶液中分解出来。瓶内的填料要求多孔且轻质，目前广泛应用的是硅酸钙。

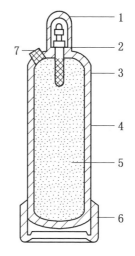

1—瓶帽；2—瓶阀；3—分解网；
4—瓶体；5—微孔填料（硅酸钙）；
6—底座；7—易熔合金塞

图 3 – 6　乙炔瓶的结构

为使气瓶能平稳直立地放置，在瓶底部装有底座，瓶阀装有瓶帽。为了保证安全使用，在靠近瓶口处装有易熔合金塞，易熔合金塞装置应符合《气瓶用易熔合金塞装置》（GB 8337—2011）的规定，动作温度应为（100 ± 5）℃，一旦气瓶温度达到 100 ℃ 左右时，易熔合金塞即熔化，使瓶内气体外逸，起到泄压作用。另外瓶体装有两道防震胶圈。

乙炔瓶出厂前，需经严格检验，并做水压试验。

乙炔瓶体的气密性试验压力为 3 MPa，瓶体的水压试验压力为 5.2 MPa。在靠近瓶口的部位，还应标注出容量、重量、制造年月、最高工作压力、试验压力等内容。使用期间，要求每三年检验一次［详见《气瓶安全技术监察规程》（TSG R0006—2014）］，气瓶定期检验应当逐只进行，检验时发现进行过焊接、修理、挖补、拆解、翻新的气瓶或者瓶阀，超过设计年限应当予以报废。

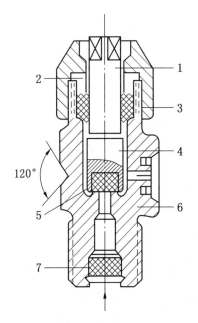

1—阀杆；2—压紧螺母；3—密封垫圈；
4—活门；5—尼龙垫；6—阀体；7—过滤件

图 3-7　乙炔瓶阀

乙炔瓶的公称直径和公称容积宜采用《溶解乙炔气瓶》（GB 11638—2011）推荐的系列。使用乙炔时应控制排放量，不能任意排放，否则会连同丙酮一起喷出，造成危险。

2）乙炔瓶阀

乙炔瓶阀是控制乙炔瓶内乙炔进出的阀门，如图 3-7 所示。

乙炔瓶阀主要包括阀体、阀杆、密封垫圈、压紧螺母、活门和过滤件等。乙炔瓶阀没有手轮，活门开启和关闭是靠方形套筒扳手完成的。当方形套筒扳手按逆时针方向旋转阀杆上端的方形头时，活门向上移动是开启阀门，反之则是关闭。乙炔瓶阀阀体是由低碳钢制成的，阀体下端加工成 $\phi27.8 \times 14$ 牙/英寸螺纹的锥形尾，以使旋入瓶体上口。由于乙炔瓶阀的出气口处无螺纹，因此使用减压器时必须带有夹紧装置与瓶阀结合。

2. 乙炔瓶的安全使用要求

（1）乙炔瓶使用和存放时应保持直立，不能横躺卧放，以防丙酮流出引起燃烧爆炸。一旦要用已卧放的乙炔瓶，必须先直立 20 min 后再连接减压器然后再使用。

（2）乙炔瓶不应受到撞击或震动，以防填料下沉造成空洞。

（3）乙炔瓶在运输、装卸过程中，要防止碰撞、划伤，乙炔瓶存放空间温度不得超过 40 ℃，乙炔瓶体温度最高不能超过 40 ℃。冬季使用时如遇瓶阀冻结，应用 40 ℃ 以下温水解冻，不准用热水浇烫或明火烧烤。夏季露天作业时，气瓶应有防止暴晒的措施。

（4）移动乙炔瓶时应采用专用小车搬运，如需乙炔瓶和氧气瓶同车搬运，必须用非燃材料隔板隔开。

（5）乙炔瓶严禁放置在通风不良或有放射性线源的场所使用。

（6）乙炔瓶与明火的距离不应小于 10 m。

（7）瓶内气体不可用尽，应留有 0.05 MPa 以上表压的余气。

（8）乙炔瓶不应绝缘，而应时刻接地，防止产生静电发生危险。

（9）开启乙炔瓶阀时应缓慢，且不要超过一半，一般情况下开启 3/4，防止丙酮随之流出造成危险。另外以便在紧急情况下迅速关闭气瓶。

（10）禁止在乙炔瓶上放置物件、工具或缠绕悬挂橡皮管及焊割炬等。

（11）严禁在气瓶上进行电焊引弧。

三、液化石油气瓶的结构和安全使用要求

1. 液化石油气瓶的结构

液化石油气瓶是储存液化石油气的专用容器。按用量及使用方式不同，液化石油气瓶储存量分别有 10 kg、15 kg、36 kg 等多种规格，如企业用量较大，还可以制造容量为 1 t、2 t 或更大的储气罐。液化石油气瓶材质选用 16 锰钢或优质碳素钢，其最大工作压力为 1.6 MPa，水压试验压力为 3 MPa。气瓶通过试验鉴定后，应将制造厂名、编号、重量、容量、制造日期、试验日期、工作压力、试验压力等项内容固定在气瓶的金属铭牌上，并标有制造厂检验部门的钢

印。工业用液化石油气瓶外表涂棕色，并有"液化石油气"白色字样。液化石油气钢瓶每四年检验一次。

2. 液化石油气瓶的安全使用要求

（1）液化石油气瓶不得充满液体，必须留有 10%～20% 的容积作为气化空间，以防气体随环境温度升高而膨胀，导致气瓶破裂。

（2）胶管和密封垫材料应选用耐油橡胶。

（3）防止暴晒，储存室通风应良好，室内严禁明火。

（4）瓶阀和管接头处不得漏气，随时观察调压器连接处丝扣的磨损情况，防止由于磨损严重或密封圈损坏、脱落而造成漏气。

（5）气瓶严禁火烤或用沸水加热。冬季使用时，可用 40 ℃ 以下温水加热，不应靠近暖气和其他热源。

（6）不得自行将气瓶内的液化石油气向其他气瓶倒装，不得自行倒出残渣，以免遇火成灾。

（7）瓶体底部不应铺绝缘垫，应时刻接地，防止瓶体产生静电。

（8）在室外使用液化石油气瓶气割、焊接或加热时，气瓶应平稳放置在空气流通的地面上，与明火（火星飞溅、火花）和热源的距离必须在 10 m 以上。

（9）液化石油气瓶应加装减压器，禁止用胶管同液化石油气瓶阀直接连接。

（10）瓶内气体不能用尽，应留有不少于 0.5%～1.0% 规定充装量的剩余气体。

（11）使用时要保持减压器置于瓶体最高位，瓶体不得倒卧使用。

四、氢气瓶的结构和安全使用要求

1. 氢气瓶的结构

氢气瓶是储存和运输氢气的高压容器，其结构与氧气瓶相同。

氢气瓶体为淡绿色，20 MPa 气瓶应有大红单环，大于 30 MPa 气瓶应有大红双环，并标有"氢"大红色。

2. 氢气瓶的安全使用要求

（1）因生产需要在室内（现场）使用氢气瓶，其数量不得超过5瓶，且布置符合如下要求：

①盛有易燃易爆、可燃物质及氧化性气体的容器和氧气瓶的间距不应小于 8 m。

②与明火或普通电气设备的间距不应小于 10 m。

③与空调装置、空气压缩机和通风设备（非防爆）等吸风口的间距不应小于 20 m。

④与其他可燃气体储存地点的间距不应小于 20 m。

（2）氢气瓶搬运中应轻拿轻放，不得滚摔，严禁撞击和强烈震动。不得从车上往下滚卸；氢气瓶运输中应严格固定。

（3）储存和使用氢气瓶的场所应通风良好，不得靠近火源、热源及在太阳下暴晒。氢气瓶与氧气瓶、氯气瓶、氟气瓶等应隔离存放。

（4）氢气瓶使用时应装有减压器，减压器的接口和管路接口处的螺纹，旋入时应不少于 5 牙。

（5）瓶内气体不可用尽，应留有 0.05 MPa 以上表压的余气。

（6）开启气瓶阀门时，作业人员应站在阀门侧后方缓慢开启。

（7）氢气瓶的设计、制造和检验应符合《气瓶安全技术监察规程》（TSG R0006—2014）的要求。

五、气瓶的安全储存和运输

1. 气瓶储存库房的安全要求

（1）仓库的选址应符合以下要求：

①远离明火与热源，且不可设在高压线下。

②仓库周围 15 m 内不应存放易燃易爆物品，也不准存放油脂和放射性物质。

③有良好的通道，便于车辆出入装卸。

（2）储存瓶装气体实瓶时，存放空间内的温度不得超过 40 ℃，否则应当采用喷淋等冷却措施。空瓶与实瓶应分开放置，并有明显标志；毒性气体实瓶和瓶内气体相互接触能引起燃烧、爆炸、产生毒物的实瓶，应分室存放，并在附近配备防毒用具和消防器材；储存易起聚合反应或分解反应的气瓶，应当根据气体性质控制存放空间的最高温度和规定储存期限。

（3）仓库内不得有地沟、暗道。

（4）仓库内外应设醒目的"严禁烟火"标牌，消防设施要齐全有效。

（5）仓库应设专人严格管理。

2. 气瓶储存时的安全要求

（1）各种气瓶都应各设仓库单独存放，不准和其他物品合用一库。

（2）空瓶与实瓶两者分开放置，并有明显标志。毒性气体实瓶和瓶内气体相互接触能引起燃烧、爆炸、产生毒物的实瓶，应分室存放，并在附近配备防毒用具或消防器材。

（3）盛装易起聚合反应或分解反应气体的气瓶，必须规定储存期限，并应避开放射性射线源。

（4）气瓶放置时应戴好瓶帽，以免碰坏瓶阀并防止油质尘埃侵入出气口。

（5）气瓶应放置整齐，立放时应妥善固定，防止气瓶倾倒；横放时瓶端朝向一致。戴好瓶帽（有防护罩的气瓶除外），轻装轻卸，严禁抛、滑、滚、碰、撞、敲击气瓶；吊装时，严禁使用电磁起重机和金属链绳。

3. 气瓶运输（含装卸）时的安全要求

（1）装运气瓶的车辆应有"危险品"安全标志。

（2）应委托专业运输公司具备危险品运输资质的车辆进行气瓶运输工作。

（3）气瓶必须戴好瓶帽（有防护罩的除外），并要拧紧，防止摔断瓶阀造成事故。

（4）轻装轻卸，避免剧烈震动，严禁抛、滑、滚、敲击，以防气体膨胀爆炸，最好备有波浪形的瓶架，垫上橡皮或其他软物，以减小震动。

（5）禁止用起重机直接吊运钢瓶，充实的钢瓶禁止进行喷漆作业，吊装时，严禁使用电磁起重机和金属链绳。

（6）瓶内气体相互接触能引起燃烧、爆炸，产生毒气的气瓶，不得同车（厢）运输：易燃、易爆、腐蚀性物品或与瓶内气体起化学反应的物品，不得与气瓶一起运输。如氧气瓶不得与油脂物质和可燃气体钢瓶同车运输。

（7）气瓶装在车上，应妥善固定，避免碰撞、摩擦和滚动，一般应横放在车厢里，头部朝向一方，垛高不得超过车厢高度：如立放时，车厢高度应在瓶高的2/3以上。

（8）夏季运输应有遮阳设施，适当覆盖，避免暴晒：在繁华市区应避免白天运输。

（9）严禁烟火，运输可燃气体气瓶时，运输工具上应备有灭火器材。

（10）运输气瓶的车、船不得在繁华市区、重要机关附近停靠：车、船停靠时，司机与押运人员不得同时离开。

（11）装有液化石油气的气瓶不应长途运输。

4. 气瓶发生爆炸事故的原因

（1）气瓶的材质、结构或制造工艺不符合安全要求。

（2）由于管理和使用不善，如受日光暴晒、明火、热辐射等作用，使瓶温过高，压力剧增，直至超过瓶体材料强度极限发生爆炸。

（3）液化石油气瓶充灌过满，受热时瓶内压力过高。

（4）各种气瓶没有按规定定期进行检验。

（5）在运输装卸时，气瓶从高处坠落、倾倒或滚动等，发生剧烈碰撞冲击。

（6）放气速度太快，气体迅速流经阀门时产生静电火花。

（7）氧气瓶上沾有油污，在输送氧气时急剧氧化。

（8）可燃气瓶（乙炔瓶、氢气瓶、液化石油气瓶）发生漏气。

（9）乙炔瓶内多孔物质下沉，产生净空间，使乙炔瓶处于高压状态。

（10）乙炔瓶处于卧放状态，或大量使用乙炔时出现丙酮随同流出。

第四节　气焊与气割安全操作规程

从事气焊与气割的独立作业人员，必须经专门的安全技术培训并考核合格，取得"中华人民共和国特种作业操作证"后，方可上岗作业。

作业场所应有良好的通风和充足的照明，其面积不小于 $4\,m^2$。物料放置整齐，留有必要的通道，人行通道的宽度不小于 $1.5\,m$，车辆通道的宽度不小于 $3\,m$，并配备有效的灭火器材。

一、作业前的准备工作

（1）应穿戴整齐，工作服、手套及工作鞋（绝缘鞋）、护目镜等各种防护用品均应符合国家有关标准的规定。

（2）检查设备工具（如减压器、焊割炬、回火防止器等）及环境，确认无不安全因素后方可开始作业。

（3）所有气路、容器和接头处的检漏应使用肥皂水，严禁用明火检漏。

二、作业中的安全要求

（1）各种气瓶均应竖立稳固或装在专用胶轮车上使用。

（2）气焊设备上严禁沾有油污和搭设各种电线电缆，气瓶不得剧烈振动及受阳光暴晒。开启气瓶时必须使用专用扳手。

（3）焊接场所周围 10 m 以内不准存放易燃易爆物品。对不便移动的盛装易燃易爆物品的容器设备，应用石棉板、湿麻袋封严。

（4）在密封容器（如桶、罐、舱、室）中作业时，按照隔离锁定程序及进入限制空间程序、热工作业程序，取得作业许可，方可进入作业，并保持内部空气流通良好，且有专人监护。点燃焊割炬的操作应在容器外进行，工作完毕或暂停时，焊割炬应放在容器外面。

（5）高处作业应严格遵守高处作业的有关规定，并佩戴合格的安全带（符合国家标准的防火安全带）。

（6）禁止用氧气对局部焊接部位进行通风换气，不准用氧气吹扫工作服和吹除乙炔管的堵塞物，或用作试压及气动工具的动力源。

（7）冬季如减压器发生冻结，禁止用明火烘烤，氧气瓶阀和减压器可使用温水解冻。如胶管发生冻结，注意用温水解冻后还应排除胶管内的积水。

（8）露天作业时，遇有六级以上大风或浓雾、暴雨、雷电天气时，应停止气焊或气割作业。

工作结束后应检查工作现场，确认无隐患后方可离开现场。

第四章　焊条电弧焊与碳弧气刨

第一节　焊条电弧焊

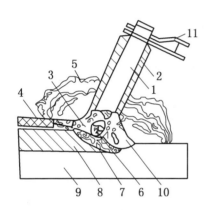

1—焊条芯；2—焊药；3—液态熔渣；
4—凝固的熔渣；5—保护气体；
6—熔滴；7—熔池；8—焊缝；
9—工件；10—电弧；11—焊钳
图 4 - 1　焊条电弧焊原理

焊接电弧就是由焊接电源供给的具有一定电压的两极间或电极与焊件间气体介质中产生的强烈而持久的放电现象。焊条电弧焊的原理是利用电弧放电所产生的热量将焊条与工件互相熔化并在冷凝后形成焊缝，从而获得牢固接头的焊接过程，如图 4 - 1 所示。而在焊接过程中，焊条药皮熔化后产生大量气体笼罩着电弧区和熔池，并且形成熔渣覆盖在熔滴和熔池表面，防止空气中的氧氢侵入熔池，起到气渣保护作用。焊条芯在电弧热作用下而熔化进入熔池成为焊缝的填充金属。

一、焊条电弧焊的工艺特点及适用范围

1. 优点

（1）工艺灵活，适应性强。适用于碳钢、低合金钢、耐热钢、低温钢和不锈钢，可以进行平、立、横、仰各种位置以及不同厚度结构形状的焊接。

（2）质量好。与其他焊接方法相比较（如气焊及埋弧焊），金相组织细，热影响区小，接头性能好。

（3）设备简单，操作方便。

（4）易于通过工艺调整来控制变形和改善应力。

2. 缺点

（1）对焊工要求高。焊工的操作技术和经验直接影响产品质量的好坏。

（2）劳动条件差。焊工在工作时必须手脑并用，精神高度集中，而且还受到高温烘烤、有毒烟尘和金属蒸气的危害。

（3）生产效率低。手工焊接热输入较低，并需辅以清渣工序，故生产效率低。

3. 适用范围

在锅炉及压力容器、管道、机械制造、建筑结构、化工设备等制造、维修行业中都广泛使用焊条电弧焊。

二、焊接工艺参数

焊接工艺参数是指焊接时，为保证焊接质量而选定的物理量（如焊接电流、电弧电压、焊接速度、热输入等）的总称。

焊条电弧焊的焊接工艺参数通常包括：焊条直径、焊接电流、电弧电压、焊接速度、焊接层数等。焊接工艺参数选择得正确与否，直接影响焊缝的形状、尺寸、焊接质量和生产效率，因此选择合适的焊接工艺参数是焊接生产不可忽视的一个重要问题。

三、焊条电弧焊的安全特点

（1）焊条电弧焊焊接设备的空载电压一般为 50～90 V，而人体所能承受的安全电压为 36 V，由此可见焊条电弧焊焊接设备的空载电压高于人体所能承受的安全电压。当操作者在更换焊条时，有可能发生触电事故。尤其在容器和管道内操作，四周都是金属导体，触电的危险性更大。因此，焊条电弧焊操作者在操作时应戴绝缘手套，穿绝缘鞋。

（2）焊接电弧弧柱中心的温度高达 6000～8000 ℃。焊条电弧焊时，焊条、焊件和药皮在高温电弧作用下，发生蒸发和凝结，产生大量烟尘和气体。同时，电弧周围的空气在弧光强烈辐射作用下，还会产生臭氧、氮氧化物等有毒气体，在通风不良的情况下，长期接触会引起危害焊工健康的多种疾病。因此焊接环境应通风良好。

（3）焊接时人体直接受到弧光辐射（主要是紫外线和红外线的过度照射）时，会引起操作者眼睛和皮肤的疾病。因此，操作者在操作时应戴防护面具和穿工作服。

（4）焊条电弧焊操作过程中，由于电焊机线路故障或者飞溅物引燃可燃易爆物品以及燃料容器管道补焊时防爆措施不当等，都会引起爆炸和火灾事故。因此焊前必须检查焊接设备，而且作业现场 10 m 以内或下方不得有易燃易爆物品。

四、焊条电弧焊安全操作规程

（1）从事电焊作业人员应持证上岗。

（2）作业前操作者应按规定正确穿戴好防护用品，检查设备工具及作业环境，确认无危险因素方可作业。

（3）距明火作业地点 10 m 范围内严禁存放易燃易爆物品，不便移动的盛装过易燃易爆物品的容器、设备应用防火毯封严。

（4）作业场所的面积不应小于 4 m^2，物料整齐码放，并留有必要的通道。

（5）人员密集的情况下，应设活动的遮光挡板。

（6）电气焊同场地作业时，氧气瓶应采取绝缘保护措施，焊接电缆线与电气焊胶管禁止缠绕在一起，禁止用电弧点燃焊割炬。

（7）修焊带电设备时，应先切断电源，并暂时拆除该设备的保护接地（零）线。

（8）合上电源后，再启动电焊机，工作结束后应先关闭电焊机再断开电源。注意合闸前应检查电缆是否有短路现象，不得带负荷拉闸。

（9）推拉闸刀开关时，要戴好绝缘手套并穿好绝缘鞋，操作时位于闸刀侧方用右手操作，动作要灵敏。

（10）工作结束或较长时间休息时，以及移动电焊机都应切断电源。在焊接过程中发生突然停电情况时，应即时关闭焊接电源。

（11）电焊设备的安装、检修（如安装闸具、更换保险丝、接保护线等）应由持证电工负责，焊工不得擅自处理。

（12）身上大量出汗衣服潮湿时，切勿倚靠在带电的工件上或接触焊钳带电部分，特别是在容器及管道内施焊时要垫绝缘板或干木板以防发生触电。

（13）雨天及五级以上（含五级）大风天禁止在露天进行电焊作业。在潮湿地点作业，应站在铺有绝缘物品的地方并穿好绝缘鞋。

（14）熟悉焊接安全用电的基础知识，并且掌握触电急救方法。

（15）工作结束应清理现场，确认无安全隐患后方准撤离。

第二节 碳 弧 气 刨

碳弧气刨是利用碳极电弧的高温，把金属的局部加热到熔化状态，同时用压缩空气的气流把熔化金属吹掉，从而达到对金属进行去除或切割的一种加工方法，如图4－2所示。

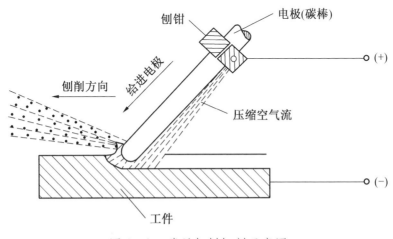

图4－2 碳弧气刨切割示意图

　　碳弧气刨过程中，压缩空气的主要作用是把碳极电弧高温加热而熔化的金属吹掉，还可以对电极（碳棒）起冷却作用，这样可以相应地减少碳棒的烧损。但是。压缩空气的流量过大时，将会使被熔化的金属温度降低，而不利于对所要切割的金属进行加工。

　　碳弧气刨割条的外形与普通焊条相同，是利用药皮在电弧高温下产生的喷射气流吹除熔化金属，达到刨割的目的。工作时只需交、直流弧焊机，不用空气压缩机。操作时其电弧必须达到一定的喷射能力才能除去熔化金属。

第五章　气体保护焊

第一节　气体保护焊的特点、分类及应用

用外加气体作为电弧介质并保护电弧和焊接区的电弧焊称为气体保护电弧焊，简称气体保护焊。

一、气体保护焊的特点

（1）电弧和熔池的可见性好，焊接过程中可根据熔池情况调节焊接参数。

（2）焊接过程操作方便，没有熔渣或很少有熔渣，焊后基本上不需清渣。

（3）电弧在保护气流的压缩下热量集中，焊接速度较快，熔池较小，热影响区窄，焊件焊后变形小。

（4）有利于焊接过程的机械化和自动化，特别是空间位置的机械化焊接。

（5）焊接过程无飞溅或飞溅很少。

（6）可以焊接化学活泼性强和易形成高熔点氧化膜的镁、铝、钛及其合金。

（7）适用于薄板金属的焊接。

（8）能进行脉冲焊接，以减小热输入。

（9）在室外作业时，需设挡风装置，否则气体保护效果不好，甚至很差。

（10）电弧的光辐射很强。

（11）焊接设备比较复杂，比焊条电弧焊设备价格高。

二、气体保护焊常用的保护气体

气体保护焊常用的气体有氩气、氦气、氮气、二氧化碳以及混合气体等。

三、气体保护焊分类及应用

气体保护焊的分类方法有多种，有以保护气体不同分类的，有以电极能否熔化分类的，等等。按电极能否熔化分为非熔化极惰性气体保护焊（TIG，即钨极氩弧焊）、熔化极气体保护焊（GMAW），以及药芯焊丝气体保护焊（FCAW）。熔化极气体保护焊包括熔化极惰性气体保护焊（MIG）、熔化极氧化性混合气体保护焊（MAG）、二氧化碳气体保护焊。常用的气体保护焊分类及应用见表 5 - 1。

表 5 - 1　常用的气体保护焊分类及应用

分类		应用	备注
非熔化极惰性气体保护焊（TIG，即钨极氩弧焊）		薄板焊接、卷边焊接、根部焊道有单面焊双面成形要求的焊接，适用于几乎所有金属和合金，多用于焊接有色金属及不锈钢、耐热钢	加焊丝或不加焊丝
熔化极气体保护焊（GMAW）	熔化极惰性气体保护焊（MIG，熔化极氩弧焊）	适用于铝及铝合金、不锈钢等材料中、厚板焊接	加焊丝
	熔化极氧化性混合气体保护焊（MAG）	适用于碳钢、合金钢和不锈钢等黑色金属材料的全位置焊接	
	二氧化碳气体保护焊	广泛用于低碳钢、低合金钢的焊接	
药芯焊丝气体保护焊（FCAW）		常用于焊接碳钢、低合金钢、不锈钢和铸钢	

四、气体保护焊的安全操作规定

（1）气体保护焊电流密度大、弧光强、温度高，且在高温电弧和强烈的紫外线作用下会产生高浓度有害气体，可高达焊条电弧焊的4~7倍，所以要特别注意通风。

（2）引弧所用的高频振荡器会产生一定强度的电磁辐射，接触较多的焊工会出现头昏、疲乏无力、心悸等症状。

（3）氩弧焊使用的钨极材料中的钍、铈等稀有金属带有放射性，尤其是在磨削加工过程会形成放射性粉尘，接触过多容易引起中枢神经系统疾病。

（4）气体保护焊一般采用压缩气瓶供气。

压缩气瓶的安全技术要求如下：①不得靠近火源；②勿暴晒；③要有防震胶圈，且不使气瓶跌落或受到撞击；④带有瓶帽，防止摔断瓶阀造成事故；⑤瓶内气体不可全部用尽，应留有余压；⑥打开瓶阀时不应操作过快。

第二节　钨极氩弧焊

钨极氩弧焊是用高熔点钨棒作为电极材料，在惰性气体的保护下，利用钨极与工件间产生的电弧热量熔化加入的填充焊丝和基本金属，冷却凝固之后形成焊缝的一种焊接方法。钨极在电弧中起发射电子作用，且不熔化，故称为钨极氩弧焊或非熔化极惰性气体保护焊，如图5-1所示。

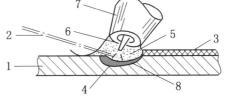

1—基本金属；2—填充焊丝；3—凝固焊缝；
4—电弧；5—保护气；6—钨极；
7—焊嘴；8—熔池
图5-1　钨极氩弧焊原理

焊接时从焊枪喷嘴中喷出的氩气流，在电弧区形成严密的保护层，将电极和金属熔池与空气隔绝，以防止对钨极、熔池及邻近热影响区产生有害影响。同时，利用电极与焊件之间产生的电弧热量，来熔化附加的填充焊丝及基本金属，待液态熔池金属凝固后即获得优质的焊缝。

一、钨极氩弧焊的焊接特点及局限性

1. 钨极氩弧焊的焊接特点

氩气属惰性气体，不溶于液态金属，用氩气作保护气体的电弧焊接与其他焊接方法比较具有以下特点。

（1）利用氩气隔绝空气，防止了氧、氮、氢等气体对电弧及熔池产生影响，使被焊金属及焊丝的元素不易烧损。

（2）氩气流对电弧有压缩作用，故热量较集中，又由于氩气对焊缝区的冷却作用，可使热影响区变窄，焊件变形量减小。

（3）明弧焊接且电弧稳定，施焊方便。

（4）焊接可不用焊剂，焊缝表面无熔渣。

（5）焊接接头组织致密，综合力学性能较好。在焊接不锈钢时，焊缝的耐腐蚀性特别是抗晶间腐蚀性能较好。

（6）可焊的材料范围广，几乎所有的金属材料都可以进行焊接。特别适宜焊接化学性质活泼的金属和合金，如铝、镁、钛等。

2. 钨极氩弧焊工艺的局限性

（1）生产成本较高。

（2）熔深浅，熔敷速度慢，生产率低。

（3）对工件和焊接材料的清洁度要求高。

（4）受周围气流的影响较大，故焊接时需有防风措施。

二、钨极氩弧焊应用范围及使用的电流种类

1. 钨极氩弧焊应用范围

钨极氩弧焊可用于几乎所有金属和合金的焊接，通常多用于焊接铝、镁、钛、铜等有色金属以及不锈钢、耐热钢等。钨极氩弧焊焊接的板材厚度范围从生产率考虑以 6 mm 以下为佳。对于某些黑色和有色金属的厚壁重要构件（如压力容器与压力管道），为保证高的焊接

质量，也常采用钨极氩弧焊进行打底层焊接。对于熔点低和易蒸发的金属（如铅、锡、锌），采用钨极氩弧焊焊接较困难。

2. 钨极氩弧焊使用的电流种类

钨极氩弧焊使用的电流种类有直流反接、直流正接及交流三种。为减小或排除因弧长变化而引起的电流波动，钨极氩弧焊要求采用具有陡降或恒流外特性的电源。钨极氩弧焊使用的电流种类及特点见表5-2。

表5-2 钨极氩弧焊使用的电流种类及特点

电流种类	交流	直流	
		正接	反接
两极热量近似分配	焊件：50% 钨极：50%	焊件：70% 钨极：30%	焊件：30% 钨极：70%
钨极许用电流	较大，$I=250\ A$ $\phi3.2\ m/m$ 铈钨极	最大，$I=330\ A$ $\phi3.2\ m/m$ 铈钨极	小，$I=35\ A$ $\phi3.2\ m/m$ 铈钨极
熔深	中等	深而窄	浅而宽
阴极清理作用	有（焊件为负的半周时）	无	有
适用材料	铝、铝青铜、镁合金等	除铝、铝青铜、镁合金以外其余金属	通常不采用（因钨极烧损严重）

三、钨极氩弧焊的有害因素及安全防护

1. 钨极氩弧焊影响人体的有害因素

（1）放射性。钍钨极中的钍是放射性元素，但钨极氩弧焊时钍钨极的放射剂量很小，在允许范围之内，危害不大，若放射性气体或微粒进入人体作为内放射源，则会严重影响身体健康。

（2）高频电磁场。采用高频引弧时，产生的高频电磁场强度在$60\sim110\ V/m$之间，超过参考卫生标准（20 V/m）数倍，但由于时

间很短，对人体影响不大。若频繁引弧或者把高频振荡器作为稳弧装置，在焊接过程中持续使用，则高频电磁场可成为有害因素之一。

（3）有害气体臭氧和氮氧化物。钨极氩弧焊时，其弧柱温度高，紫外线辐射强度远大于一般的电弧焊，空气中的氧气经高温光化学反应而产生大量臭氧和氮氧化物，尤其臭氧浓度远远超过参考卫生标准（0.3 mg/m^3）。

2. 钨极氩弧焊对人体的影响

健康影响调查表明，氩弧焊对健康的影响比焊条电弧焊强烈。其典型的健康损害主要有两种。

一种是神经衰弱症候群与呼吸道刺激症。氩弧焊工吸入臭氧和氮氧化物后，常会出现头晕、头痛、失眠多梦、疲劳无力等神经衰弱症候群，同时还有胸闷、胸痛、咳嗽、不思进食等呼吸道刺激症。严重时可发生肺水肿和支气管炎。

另一种是氩弧焊工尘肺。长期从事铝及铝合金的氩弧焊工，可能遭受所谓氩弧焊工尘肺损害。这种病变主要是由铝烟尘引起的，在 X 光照片上的特征与焊工尘肺一样。

3. 钨极氩弧焊的安全防护

（1）放射性。钍钨极中的钍是放射性元素，因而应尽可能采用放射剂量极低的铈钨极。钍钨极和铈钨极加工时，应采用密封式或抽风式砂轮切削，操作者应佩戴口罩、手套等个人防护用品，加工后要用水冲洗干净脸。钍钨极和铈钨极应放在铅盒内保存。

（2）高频电磁场。采用高频引弧时，产生的高频电磁场对人体有影响，应采取有效的防护措施：①工件要良好接地，焊枪电缆和地线要用金属编织线屏蔽；②应有自动切断高频的装置，以减少高频作用时间；③适当降低频率。

（3）弧光辐射。氩弧焊时产生的弧光很强，紫外线和红外线的强度很高，要加强防护。因臭氧对棉织物的分解能力很强，故宜穿非棉布工作服（如耐酸呢、皮衣、毛料、丝绸）。

（4）有害气体臭氧、氮氧化物。氩弧焊时，其弧柱温度高，紫外线辐射强度远大于一般的电弧焊，因此在焊接过程中会产生大量臭氧和氮氧化物，特别是臭氧浓度已超过了（参考）卫生标准，若不采取有效的通风措施，这些气体对人体健康影响很大。因此，氩弧焊工作现场要有良好的通风装置，固定作业台要安装固定通风装置。

在不能采用局部通风的情况下焊接，可使用送风式头盔、送风口罩或防毒口罩等个人防护用品。

四、钨极氩弧焊的安全操作规定

（1）遵守焊接安全管理规定。

（2）工作前，检查设备工具是否良好，检查电气设备接地是否可靠，传动部分是否正常。氩气必须畅通，如有漏气现象，应立即通知修理。

（3）自动钨极氩弧焊和全位置钨极氩弧焊作业时，必须由专人操作开关。

（4）自动钨极氩弧焊和全位置钨极氩弧焊作业时，人员不得远离，以便发生故障时可以随时关闭。

（5）采用高频引弧应经常检查是否有漏电。

（6）设备发生故障，应由有关人员停电检修，操作者不得自行处理。

（7）尽量采用铈钨极。

（8）手工钨极氩弧焊工应佩戴静电防尘口罩，操作时尽量减小高频作用时间，连续工作不得超过 6 h。

（9）工作中应开动通风设备，保持工作场地空气流通。通风装置失效时应停止工作。

（10）使用氩气瓶时，必须遵守气瓶使用的安全操作规程，不许撞、砸，运输时应有支架或专人小车，并远离明火。

（11）在容器内进行手工钨极氩弧焊时，应戴专用面罩，以减少吸入有害烟气。容器外应设人员监护配合。

第三节　二氧化碳气体保护焊

二氧化碳气体保护焊是用二氧化碳作为保护气体，依靠焊丝与焊件之间产生的电弧来熔化金属的一种保护焊方法，简称二氧化碳焊。

一、二氧化碳气体保护焊焊接原理及特点

1. 二氧化碳气体保护焊焊接原理

二氧化碳气体保护焊电源的两输出端分别接在焊枪和焊件上。盘状焊丝由送丝机构带动，经软管和导电嘴不断地向电弧区域送给，同时二氧化碳气体以一定的压力和流量送入焊枪，通过喷嘴后形成一股保护气流，使熔池和电弧不受空气侵入的影响。随着焊枪移动，熔池金属冷却凝固而成焊缝，从而将被焊的焊件连成一体，如图 5-2 所示。

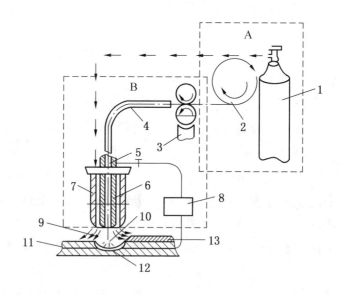

A—消耗材料；B—焊接设备；

1—二氧化碳气瓶；2—焊丝盘；3—送丝机构；4—软管；5—焊枪；6—导电嘴；

7—喷嘴；8—电源；9—二氧化碳气体；10—电弧；11—焊件；12—熔池；13—焊缝

图 5-2　二氧化碳气体保护焊焊接原理

二氧化碳气体保护焊按所用的焊丝直径不同，可分为细丝二氧化碳气体保护焊（焊丝直径为 0.5~1.2 mm）和粗丝二氧化碳气体保护焊（焊丝直径为 1.6~5 mm）；按操作方式又可分为二氧化碳半自动焊和二氧化碳自动焊。主要区别在于，二氧化碳半自动焊用手工操作焊枪完成电弧热源移动，而送丝送气等同二氧化碳自动焊一样由相应的机械装置来完成。二氧化碳半自动焊的机动性较大，适用于不规则或较短的焊缝；二氧化碳自动焊主要用于较长的直线焊缝和环缝等焊缝的焊接。

2. 二氧化碳气体保护焊焊接特点

（1）焊接成本低。二氧化碳气体来源广，价格低，而且消耗的焊接电能少，因而二氧化碳气体保护焊焊接的成本低。

（2）生产率高。因二氧化碳气体保护焊的焊接电流密度大，使熔深增大，焊丝的熔化率提高，熔敷速度加快。另外，焊后没有熔渣，特别是多层焊接时节省了清渣时间，所以生产率比焊条电弧焊提高 1~4 倍。

（3）抗锈能力强。二氧化碳气体保护焊对铁锈的敏感性不大，因此焊缝中不易产生气孔。而且焊缝含氢量低，抗裂性能好。

（4）焊接变形小。由于电弧热量集中，焊件加热面积小，同时二氧化碳气流具有较强的冷却作用，因此焊接热影响区和焊件变形小，特别适用于薄板焊接。

（5）操作性能好。因是明弧焊可以看清电弧和熔池情况，便于掌握与调整，也有利于实现焊接过程的机械化和自动化。

（6）适用范围广。二氧化碳气体保护焊可进行各种位置的焊接，不仅适用于焊接薄板，还常用于中厚板的焊接，而且也用于受损零件的修补堆焊。

但二氧化碳气体保护焊存在以下缺点：①若使用大电流焊接时，焊缝表面成型差，飞溅较多；②不能焊接容易氧化的有色金属材料；③很难用交流电源焊接及在有风的地方施焊；④弧光较强，特别是大电流焊接时，电弧的光热辐射均较强。

二、二氧化碳气体保护焊工艺参数

二氧化碳气体保护焊工艺参数包括焊丝直径、焊接电流、电弧电压、焊接速度、焊线伸出长度、气体流量等。这些参数对焊接质量影响很大，应正确选择。

三、二氧化碳气体保护焊有害气体产生的危害及安全防护

1. 二氧化碳气体保护焊有害气体产生的危害

二氧化碳气体保护焊焊接过程中产生的一氧化碳，主要来源于二氧化碳在电弧高温下的分解。一氧化碳与人体血液中输送氧气的血红蛋白具有极大的亲和力，所以一氧化碳经肺泡进入血液后，便很快与血红蛋白结合成碳氧血红蛋白，使血红蛋白失去正常的携氧功能，造成人体组织缺氧而引起中毒。有资料表明，使用实芯二氧化碳焊丝焊接时，其烟尘发生量要大于焊条电弧焊，而使用药芯焊丝焊接时，其烟尘发生量又要高于实芯焊丝 50% 左右，自保护药芯焊丝的发尘量则更高，所以应十分注意通风排尘。

2. 二氧化碳气体保护焊对人体的影响

二氧化碳气体保护焊有害物质引起的典型健康损害主要有两种。

（1）神经衰弱。长期吸入低浓度的一氧化碳，可能出现头痛、头晕、四肢无力等神经衰弱症状。

（2）金属烟热和呼吸道刺激症。长期吸入含锰多的烟尘，可能引起金属烟热和呼吸道刺激症，甚至引起锰中毒。

3. 二氧化碳气体保护焊的安全防护

二氧化碳气体保护焊的安全防护除遵守焊条电弧焊、气体保护焊的有关规定外，还应注意以下几点。

（1）二氧化碳气体保护焊时，电弧温度为 6000 ~ 10000 ℃，电弧光辐射比手工电弧焊强，因此应加强个人防护，戴好面罩、手套，穿好工作服、工作鞋。

（2）二氧化碳气体保护焊焊接时，飞溅较多，尤其是粗丝焊接

（直径大于1.6 mm），会产生大颗粒飞溅，焊工应有完善的防护用具，防止人体灼伤。

（3）二氧化碳气体在焊接电弧高温下会分解生成对人体有害的一氧化碳气体，焊接时还会排出其他有害气体和烟尘，特别是在容器内施焊，更应加强通风，而且要使用能供给新鲜空气的特殊面罩，容器外应有人监护。

（4）二氧化碳气体电热预热器所使用的电压不得高于36 V，外壳接地可靠。工作结束时，立即切断电源和气源。

（5）装有液态二氧化碳的气瓶，满瓶压力为0.5～0.7 MPa，但当感受外部热源时，液体便能迅速地蒸发为气体，使瓶内压力升高，受到的热量越大，压力的增高越大。这样就有造成爆炸的危险。因此，装有二氧化碳的气瓶不能接近热源，也要防止剧烈振动，避免气瓶爆炸事故发生。使用二氧化碳气瓶必须遵守《气瓶安全技术监察规程》（TSG R0006—2014）的规定。

（6）大电流粗丝二氧化碳气体保护焊焊接时，应防止焊枪水冷系统漏水破坏绝缘，发生触电事故。

（7）注意选用容量恰当的电源、电源开关、熔断器及辅助设备，以满足高负载率持续工作的要求。

（8）采用必要的防止触电措施与良好的隔离防护装置和自动断电装置；焊接设备必须保护接地或接零，并经常进行检查和维修。

（9）由于二氧化碳气体保护焊比普通明弧电弧焊的弧光更强，紫外线辐射更强烈，应选用颜色更深的滤光片。

四、二氧化碳气体保护焊的安全操作规定

（1）遵守焊接安全管理规则和气瓶使用的安全操作规程。

（2）操作者应熟悉焊接设备性能，工作前检查设备是否正常，提前接通电源预热15 min，并穿戴好规定的防护用品。

（3）不得在狭小密闭潮湿的地方进行焊接，焊接场地应通风良好或装置有通风除尘装置。

（4）打开气瓶时，操作者必须站在气瓶嘴的侧面，移动二氧化碳气瓶时避免压坏焊接电缆，以免漏电事故发生。

（5）禁止二氧化碳气瓶在阳光下暴晒或靠近热源。

（6）修理设备时，必须断电进行。

（7）当焊丝送入导电嘴后，不允许将手指放在焊枪的末端来检查焊丝送出情况，也不允许将焊枪放在耳边来试探保护气体的流动情况。

（8）焊接工作结束后，必须切断电源和气源，并仔细检查工作场所周围及防护设施，确认安全后方能离开。

第六章　焊接与切割的防火防爆

第一节　燃烧与爆炸基础知识

一、燃烧

（一）氧化与燃烧

根据化学定义，凡是使被氧化物质失去电子的反应都属于氧化反应。强烈的氧化反应，并伴随有热和光同时发出，则称为燃烧。物质不仅与氧的化合反应属于燃烧，并且在一定条件下，与氯气、硫的蒸气等的化合反应也属于燃烧。物质和空气中的氧气起的反应是最普遍的，也是焊接发生火灾爆炸事故的主要原因。我们将着重讨论这一形式的燃烧。

燃烧俗称着火。如果只有放热发光而没有氧化反应的不能叫作燃烧，如灼热的钢材虽然放热发光，但这是物理现象，不是燃烧：而放热或不发光的氧化反应，如金属生锈、生石灰遇水放热等现象，也不能叫作燃烧。

（二）燃烧的必要条件

发生燃烧必须同时具备三个要素，即可燃物质、助燃物质和着火源。亦即发生燃烧的条件必须是可燃物质和助燃物质共同存在，并有能导致着火的火源，如火焰、电火花、灼热的物体等。

1. 可燃物质

凡能与氧和其他氧化剂发生剧烈氧化反应的物质，都称为可燃物质。就其存在的状态可分为固态可燃物、液态可燃物、气态可燃物三类：按其组成的不同又可分为无机可燃物质（如氢气、一氧化碳等）和有机可燃物质（如丙烷、乙炔等）两类。

2. 助燃物质

凡是能与可燃物质发生化学反应并起助燃作用的物质称为助燃物，如空气、氧气、氟和溴等。可燃物质完全燃烧，必须要有充足的空气（氧在空气中约占 21%），如燃烧 1 kg 石油需要 10 ~ 12 m^3 空气。如果缺乏空气燃烧就不完全。当空气中含氧量低于 14% 时，就不会燃烧。

3. 着火源

凡能引起可燃物质燃烧的热能，都叫着火源。着火源主要有下列几种。

（1）明火，如火柴和打火机的火焰、油灯火、炉火、喷灯火、烟头火以及焊接、气割时的动火等（包括灼热铁屑和高温金属）。

（2）电气火，如电火花（电路开启、切断、保险丝熔断等），电器线路超负荷、短路，接触不良；电炉丝、电热器、电灯泡、红外线灯、电熨斗等。

（3）摩擦、冲击产生的火花。

（4）静电荷产生的火花，电介质相互摩擦或金属摩擦生成的火花；液体、气体沿导管流动，气体高速喷出产生静电。

（5）雷电产生的火花，分直接雷击和感应雷电。

（6）化学反应热，包括本身自燃、遇火燃烧与其他抵触性物质接触起火。

可燃物、助燃物和着火源构成了燃烧的三个要素，缺少其中任何一个要素便不能燃烧。燃烧反应在浓度、压力、组成和着火源等方面都存在极限值，如果可燃物未达到一定浓度，或助燃物数量不足，或着火源不具备足够的温度或热量，那么，即使具备了三个要素，燃烧也不会发生。对于已进行着的燃烧，消除其中任何一个要素，燃烧便会终止，这就是灭火的基本理论。

（三）燃烧过程及类型

1. 燃烧过程

可燃物质的燃烧一般是在蒸气或气体状态下进行。由于可燃物质的状态不同，其燃烧的特点也不同。

气体容易燃烧，只要达到其本身氧化分解所需的热量便能迅速燃烧，在极短时间内全部烧光。

液体在火源作用下，首先使其蒸发，然后蒸气氧化分解进行燃烧。

固体燃烧，如果是简单物质，如硫、磷等受热时首先熔化，然后蒸发、燃烧，没有分解过程。若是复杂物质，在受热时首先分解成气态产物和液态产物，然后气态产物和液态产物的蒸气着火燃烧。

各种物质的燃烧过程如图6-1所示，从中可知任何可燃物的燃烧必须经过氧化、分解和燃烧等阶段。

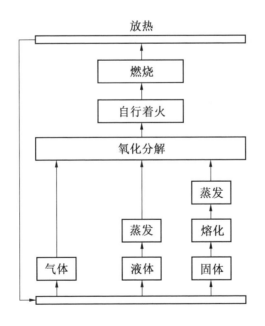

图6-1　物质的燃烧过程

2. 燃烧的类型

1）闪燃与闪点

各种液体的表面都有一定量的蒸气存在，蒸气的浓度取决于该液体的温度。可燃液体表面或容器内的蒸气与空气混合而形成混合可燃气体或可燃液体，遇明火会发生一闪即灭的瞬间火苗或闪光，这种现象叫作闪燃。引起闪燃时的最低温度叫作闪点（闪点的概念主要适用于可燃液体）。当可燃液体温度高于其闪点时，则随时都有被火点燃的危险。不同的可燃液体有不同的闪点，闪点越低，火灾危险性越大。闪点是评定液体火灾危险性的主要依据。几种常见液体的闪点见表 6-1。

表 6-1 几种常见液体的闪点

液体名称	闪点/℃	液体名称	闪点/℃
汽油	-58~10	丙醇	-17
苯	-15	二乙醚	-45.5
甲醇	9.5	乙酸乙酯	-5
乙醇	11	松节油	35
煤油	28~45	桐油	239
萘	86	樟脑	65.5

2）着火与燃点

所谓着火，是可燃物质与火源接触能燃烧，并且在火源移去后仍能保持继续燃烧的现象。可燃物质发生着火的最低温度称为着火点或燃点。几种物质的燃点见表 6-2。

表 6-2 几种物质的燃点

物质名称	燃点/℃	物质名称	燃点/℃
蜡烛	190	松节油	52
硫	207	樟脑	70

表 6-2（续）

物质名称	燃点/℃	物质名称	燃点/℃
豆油	220	炼油	86
赛璐珞	100		

3）受热自燃与自燃点

可燃物质在外部条件作用下温度升高，当达到其自燃点时，即着火燃烧，这种现象称为受热自燃。自燃点是指物质（不论是固态、液态还是气态）在没有外部火花和火焰的条件下，能自动引燃和继续燃烧的最低温度。

物质的自燃点越低，发生火灾的危险越大。物质受热自燃是发生火灾的一种主要原因。了解物质的自燃点，对防火工作有重要实际意义。几种物质的自燃点见表 6-3。

表 6-3　几种物质的自燃点

物质名称	自燃点/℃	物质名称	自燃点/℃
木材	300～350	煤油	240～290
煤炭	450	乙醚	180
豆油	460	松香	240
桐油	410	亚麻籽油	343
赛璐珞	150	重油	380～420
黄磷	34～45	柴油	350～380
赤磷	200～250		

4）本身自燃

能自燃的植物有稻草、麦秆、木屑、籽棉、麻等。植物的自燃是由生物、物理和化学作用引起的。植物油有较大的自燃性，动物油次之，引起油脂自燃的内因是油脂中含有不饱和脂肪酸、甘油酯，其不饱和程度越大，含量越多，则油脂的自燃能力越大，这种不饱和化合物在空气中容易发生氧化受热作用。引起油脂自燃的外因有较大的氧化表面（如浸油的纤维物质）、有空气、具备蓄热的条件。

烟煤、褐煤、泥煤和硫化铁等也能自燃。

燃烧类型如图 6-2 所示。

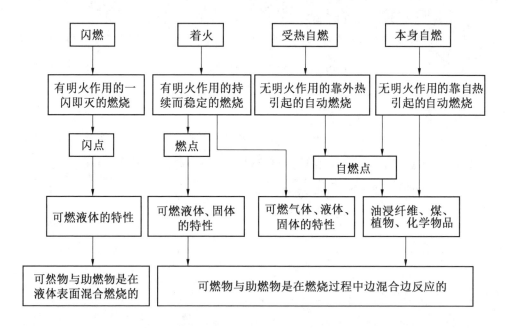

图 6-2　燃烧类型

（四）燃烧的产物

燃烧产物是燃烧时生成的气体、蒸汽、液体和固体物质。燃烧产物的成分取决于可燃物质的化学组成和燃烧条件。燃烧产物主要有二氧化碳、一氧化碳、水蒸气、二氧化硫、五氧化二磷及灰粉等。在空气不足的条件下燃烧，还会生成碳粒等。火灾时的烟雾实际上就是不完全燃烧时的产物。空气中的氧在燃烧时大部分消耗了，剩下的氮和燃烧产物混合在一起。燃烧产物一般有窒息性和一定毒性，人在火场中有窒息中毒危险；火场中烟雾会影响视线，妨碍消防人员行动；灼热的燃烧产物和不完全燃烧产物能使人烫伤或形成新的着火源,甚至能与空气形成爆炸混合物。

二、爆炸

爆炸是物质在瞬间以机械功的形式释放出大量气体和能量的现象。通常将爆炸分为物理性爆炸和化学性爆炸两大类。

1. 物理性爆炸与化学性爆炸

物理性爆炸是由物理变化引起的。如蒸汽锅炉的爆炸,是由于过热的水迅速变化为蒸汽,且蒸汽压力超过锅炉强度的极限而引起的,其破坏程度取决于锅炉蒸汽压力。发生物理性爆炸的前后,爆炸物质的性质及化学成分均不改变。

化学性爆炸是指物质在极短时间内完成化学变化,形成其他物质,同时放出大量热量和气体的现象。化学反应的速度,同时产生的气体和热量,是化学性爆炸的三个基本要素。

2. 爆炸极限

可燃物质与空气的混合物,在一定浓度范围内才能发生爆炸。可燃物质在混合物中发生爆炸的最低浓度称为爆炸下限;反之,则称为爆炸上限。在低于下限和高于上限的浓度时,是不会发生着火爆炸的。爆炸下限和爆炸上限之间的范围称为爆炸极限。

几种可燃液体和气体的爆炸极限见表6-4。

表6-4　几种可燃液体和气体的爆炸极限

气体、液体名称	爆炸浓度极限/%		爆炸温度极限/℃	
	下限	上限	下限	上限
酒精	3.5	18	11	40
甲苯	1.2	7	1	31
松节油	0.8	62	32	53
车用汽油	0.79	5.16	−39	−8

表 6-4（续）

气体、液体名称	爆炸浓度极限/%		爆炸温度极限/℃	
	下限	上限	下限	上限
灯用煤油	1.4	7.5	40	86
乙醚	1.85	36.5	−45	13
苯	1.5	9.5	−14	12
氢	4	75		
乙炔	2.2	81		

几种可燃物质粉尘的爆炸极限见表 6-5。

表 6-5　几种可燃物质粉尘的爆炸极限

粉尘名称	自燃点/℃	爆炸下限/$(g \cdot m^{-3})$	爆炸压力/kPa
铝粉	470 ~ 645	40	607.6
镁粉	600 ~ 650	10	548.8
煤粉	610	35 ~ 45	303.8
硫黄粉	575	2.3	273.4
木粉	430	12.6 ~ 25	754.6
面粉	380	9.7	656.6

3. 化学性爆炸的必要条件

凡是化学性爆炸，总是在下列三个条件同时具备时才能发生：①可燃易爆物；②可燃易爆物与空气混合并达到爆炸极限，形成爆炸性混合物；③爆炸性混合物在火源的作用下。防止化学性爆炸即是避免上述三个条件同时存在。

4. 焊接常见爆炸性混合物的特性

1）可燃气体的特性

可燃气体（如乙炔、氢）由于容易扩散流窜，而又无形迹可察觉，所以不仅在容器设备内部，而且在室内通风不良的条件下，容易与空气混合，浓度能够达到爆炸极限。因此在生产、储存和使用可燃气体的过程中，要严防容器、管道的泄漏。厂房内应采用机械通风，严禁明火。

2）可燃蒸气的特性

闪点低的易燃液体（如汽油、丙烷）在室温条件下能够蒸发较多的可燃蒸气。闪点高的可燃液体在加热升温过程中也会蒸发较多的可燃蒸气。因此在液体燃料容器、管道以及厂房、室内通风不良的条件下，可燃蒸气与空气混合的浓度往往可达到爆炸极限。所以在生产、储存和使用可燃液体过程中要严防跑、冒、滴、漏，室内应加强通风换气。在夏季储存闪点低的易燃液体时，必须采取隔热降温措施，严禁火源。

3）可燃粉尘的特性

可燃粉尘如果飞扬悬浮于空气中，浓度达到爆炸极限时，即与空气形成爆炸性混合物，遇到火源就会发生爆炸。可燃粉尘飞扬悬浮于大气中大多有形迹可察觉，这类爆炸大多发生于生产设备、输送罩壳、干燥加热炉、排风管道等内部空间。因此，在生产、储存和使用可燃粉尘过程中，必须采取防护措施，防止静电，严禁火源。

第二节　火灾、爆炸事故的原因及防范措施

一、焊接与切割作业中发生火灾和爆炸事故的原因

（1）焊接与切割作业时，尤其是气体切割时，由于使用压缩空气或氧气流的喷射，使火星、熔珠和铁渣四处飞溅（较大的熔珠和铁渣能飞溅到距操作点 5 m 以外的地方），当作业环境中存在易燃、

易爆物品或气体时，就可能会发生火灾和爆炸事故。

（2）在高空进行焊接与切割作业时，对火星所及的范围内的易燃、易爆物品未清理干净，作业人员在工作过程中乱扔焊条头，作业结束后未认真检查是否留有火种。

（3）气焊、气割的工作过程中未按规定的要求放置乙炔发生器，工作前未按要求检查焊（割）矩、橡胶管路和乙炔发生器的安全装置。

（4）气瓶存在制造方面的不足，气瓶的保存、充装、运输、使用等方面存在不足，违反安全操作规程等。

（5）在焊补燃料容器和管道时，未按要求采取相应措施。在实施置换焊补时置换不彻底，在实施带压不置换焊补时压力不够致使爆炸等。

二、防范措施

（1）焊接与切割作业时，将作业环境 10 m 范围内所有易燃易爆物品清理干净，应注意作业环境的地沟、下水道内有无可燃液体和可燃气体，以及是否有可能泄漏到地沟和下水道内的可燃易爆物质，以免由于焊渣、金属火星引起灾害事故。

（2）高空进行焊接与切割作业时，禁止乱扔焊条头，对焊接与切割作业下方应进行防火隔离，作业完毕应做到认真细致地检查，确认无火灾隐患后方可离开现场。

（3）应使用符合国家有关标准、规程要求的工业气瓶，在气瓶的储存、运输、使用等环节应严格遵守安全操作规程。

（4）对输送可燃气体和助燃气体的管道应按规定安装、使用和管理，对操作人员和检查人员应进行专门的安全技术培训。

（5）焊补燃料容器和管道时，应结合实际情况确定焊补方法。实施置换法时，置换应彻底，工作中应严格控制可燃物质的含量。实施带压不置换法时，应按要求保持一定的内压。工作中应严格控制其含氧量。要加强检测，注意监护，要有安全组织措施。

第三节　火灾、爆炸事故的紧急处理方法

在焊接与切割作业中如果发生火灾、爆炸事故时，应采取以下方法进行紧急处理。

（1）应判明火灾、爆炸的部位和引起火灾、爆炸的物质特性，迅速拨打火警电话119报警。

（2）在消防队员未到达前，现场人员应根据起火或爆炸物质特点，采取有效的方法控制火灾蔓延。

（3）在事故紧急处理时必须由专人负责，统一指挥，防止造成混乱。

（4）灭火时，应采取防中毒、倒塌、坠落伤人等措施。

（5）为了便于查明起火原因，灭火过程中要尽可能地注意观察起火部位、蔓延方向等，灭火后应保护好现场。

（6）当气体导管漏气着火时，首先应将焊割炬的火焰熄灭，并立即关闭阀门，切断可燃气体源，用灭火器、湿布等扑灭燃烧气体。

（7）乙炔气瓶口着火时，设法立即关闭瓶阀，防止气体流出，火即熄灭。

（8）当电石桶或乙炔发生器内电石发生燃烧时，应停止供水或与水脱离，再用干粉灭火器等灭火，禁止用水灭火。

（9）乙炔气着火可用二氧化碳、干粉灭火器扑灭；乙炔瓶内丙酮流出燃烧，可用泡沫、干粉、二氧化碳灭火器扑灭。如气瓶库发生火灾或邻近发生火灾威胁气瓶库时，应采取安全措施，将气瓶转移到安全场所。

（10）一般可燃物着火，可用酸碱灭火器或清水灭火。油类着火用泡沫、二氧化碳或干粉灭火器扑灭。

（11）电焊机着火首先应拉闸断电，然后再灭火。在未断电前不能用水或泡沫灭火器灭火，只能用二氧化碳、干粉灭火器。因为水和泡沫灭火液体能够导电，容易发生触电伤人事故。

（12）氧气瓶阀门着火，只要操作者将阀门关闭，断绝氧气，火就会自行熄灭。

（13）发生火灾或爆炸事故，必须立即向当地公安消防部门报警，根据"四不放过"的要求，认真查清事故原因，严肃处理事故责任者。

第四节　动火管理及常用灭火器材基础知识

消防法规和条例等明确规定，消防工作实行"预防为主，防消结合"的工作方针，预防为主就是要把预防火灾的工作放在首位，每个单位和个人都必须遵守消防法规，做好消防工作，消除火灾隐患。

"防"和"消"是相辅相成的两个方面，缺一不可，因此这两个方面的工作都应积极做好。

一、动火管理

火灾和爆炸是焊接工作中容易发生的事故。动火管理的目的是防止火灾和爆炸事故发生，确保人民生命和国家财产安全，确保防火安全管理工作落到实处。

1. 建立各项管理人员岗位防火责任制

企业各级领导应在各自职责范围内，严格执行贯彻动火管理制度。本着谁主管、谁负责的管理原则，制定各级管理人员岗位防火责任制，在自己所负责的范围内尽职尽责，认真贯彻并监督落实防火管理制度，真正做到"预防为主，防消结合"。

2. 划定禁火区域

为了加强防火管理，各单位可根据生产特点，原料、产品危险程度及仓库、车间布局，划定禁火区域。在禁火区内，需进行动火作业，必须办理动火申请手续，采取有效的防范措施，经过审核批准才可动火。

3. 建立动火审批管理制度

建立在禁火管理区内动火审批制度，在禁火区内动火一般实行三级审批制。

（1）一级动火审批。一级动火包括禁火区内以及大型油罐、油箱、油槽车和可燃液体及相连接的辅助设备、受压容器、密封器、地下室，还有与大量可燃易爆物品相邻的场所。

一级动火必须由要求进行焊接、切割作业的车间或部门的主要负责人填写动火申请表，报厂主管防火工作的保卫（或安技）部门审批。如遇特别危险场所或部位动火，要由厂长召集主管安技、保卫工作的副厂长、总工程师以及安技、保卫、生产、技术、设备等部门的领导，共同讨论制定动火方案和安全措施，由厂长和总工及主管防火工作的保卫科长签字，方能动火。

（2）二级动火的审批。二级动火是指具有一定危险因素的非动火区域，或小型油箱、油桶、小型容器以及高处焊接与切割作业等。

二级动火由要求进行焊接与切割作业的部门主要负责人填写动火申请表，经单位负责防火部门现场检查，确认符合动火条件共同签字后，交动火人执行动火作业。

（3）三级动火审批。凡属于非固定动火区域，没有明显危险因素的场所，必须进行临时焊接与切割时，都属于三级动火范围。

三级动火由申请动火部门主管人员填写动火申请表，由部门领导签字批准，并向单位主管防火工作的保卫部门登记即可。

（4）申请动火的车间或部门在申请动火前，必须负责组织和落实对要动火的设备、管线、场地、仓库及周围环境，采取必要的安全措施，才能提出申请。

（5）动火前必须详细核对动火批准范围，在动火时动火执行人必须严格遵守安全操作规程，检查动火工具，确保其符合安全要求。未经申请动火，没有动火证，超越动火范围或超过规定的动火时间，动火执行人应拒绝动火作业。动火时发现情况变化或不符合安全要求，有权暂停动火，并及时报告领导研究处理。

（6）企业领导批准的动火，要由公司安全、消防管理部门指派现场监护人。车间或部门领导批准的动火（包括经安全消防管理部门审查同意的），由车间或部门指派现场监护人，监护人员在动火期间不得离开动火现场，监护人应由责任心强、熟悉安全生产的人担任。动火完毕，应及时清理现场。

（7）一般检修动火，动火时间一次都不得超过一天，特殊情况可适当延长，隔日动火时，申请部门一定要复查。较长时间的动火（如基建、大修等），施工主管部门应办理动火计划书（确定动火范围、时间及措施），按有关规定分级审批。

（8）动火安全措施，应由申请动火的车间或部门负责完成，如需施工部门解决，施工部门有责任配合。

（9）动火地点如对邻近车间、其他部门有影响，应由申请动火车间或部门负责人与这些车间或部门联系，做好相应的配合工作，确保安全。

二、常用灭火器材基础知识

不同种类的灭火器适用于不同物质的火灾，其结构和使用方法也各不相同。灭火器的种类较多，按其移动方式可分为手提式和推车式；按驱动灭火剂的动力来源可分为储气瓶式和储压式；按所充装的灭火剂则又可分为水基型灭火器、干粉灭火器、二氧化碳灭火器、洁净气体灭火器等；按灭火类型分为 A 类灭火器、B 类灭火器、C 类灭火器、D 类灭火器、E 类灭火器等。

各类灭火器一般都有特定的型号与标识，我国灭火器的型号是按照《消防产品型号编制方法》（GN 11—1982）编制的。它由类、组、特征代号及主要参数几部分组成。类、组、特征代号用大写汉语拼音字母表示，一般编在型号首位，是灭火器本身的代号，通常用"M"表示。灭火剂代号编在型号第二位：F —干粉灭火剂；T —二氧化碳灭火剂；Q —清水灭火剂。形式号编在型号中的第三位，是各类灭火器结构特征的代号。目前，我国灭火器的结构特征有手提式（包括手轮式）、推车式、鸭嘴式、舟车式、背负式五种，分别用 S、T、Y、Z、B 表示。型号最后面的阿拉伯数字代表灭火剂质量或容积，单位一般为 kg 或 L，如 "MF/ABC2" 表示 2 kg ABC 干粉灭火器；"MSQ9" 表示容积为 9 L 的手提式清水灭火器；"MFT50" 表示 50 kg 推车式（碳酸氢钠）干粉灭火器。国家标准规定，灭火器型号应以汉语拼音大写字母和阿拉伯数字标于筒体。

根据《建筑灭火器配置验收及检查规范》（GB 50444—2008）规定，酸碱型灭火器、化学泡沫灭火器、倒置使用型灭火器以及氯溴甲烷灭火器、四氯化碳灭火器应报废处理，也就是说，这几类灭火器现已被淘汰。目前，常用灭火器的类型主要有水基型灭火器、干粉灭火器、二氧化碳灭火器、洁净气体灭火器等。

（一）水基型灭火器

水基型灭火器是指内部充入的灭火剂是以水为基础的灭火器。一般由水、氟碳催渗剂、碳氢催渗剂、阻燃剂、稳定剂等多组分配合而成，以氮气（或二氧化碳）为驱动气体，是一种高效的灭火剂。

常用的水基型灭火器有清水灭火器、水基型泡沫灭火器和水基型水雾灭火器三种。

1. 清水灭火器

清水灭火器是指筒体中充装的是清洁的水，并以二氧化碳（氮气）为驱动气体的灭火器。一般有 6 L 和 9 L 两种规格，灭火器容器内分别盛装有 6 L 和 9 L 的水。

清水灭火器由保险帽、提圈、筒体、二氧化碳（氮气）气体储气瓶和喷嘴等部件组成，使用时摘下保险帽，用手掌拍击开启杆顶端灭火器头，清水便会从喷嘴喷出。它主要用于扑救固体物质火灾，如木材、棉麻、纺织品等的初起火灾，但不适于扑救油类、电气、轻金属以及可燃气体火灾。清水灭火器的有效喷水时间为 1 min 左右，所以当灭火器中的水喷出时应迅速将灭火器提起，将水流对准燃烧最猛烈处喷射；同时，清水灭火器在使用中应始终与地面保持大致垂直状态，不能颠倒或横卧，否则会影响水流喷出。

2. 水基型泡沫灭火器

水基型泡沫灭火器内部装有 AFFF 水成膜泡沫灭火剂和氮气，除具有氟蛋白泡沫灭火剂的显著特点外，还可在烃类物质表面迅速形成一层能抑制其蒸发的水膜，靠泡沫和水膜的双重作用迅速有效地灭火，是化学泡沫灭火器的更新换代产品。它能扑灭可燃固体和液体的初起火灾，更多地用于扑救石油及石油产品等非水溶性物质的火灾（抗溶性泡沫灭火器可用于扑救水溶性易燃、可燃液体火灾）。水基型泡沫灭火器具有操作简单、灭火效率高、使用时不需倒置、有效期长、抗复燃、双重灭火等优点，是木竹类、织物、纸张及油类物质的开发加工、储运等场所的消防必备品，并广泛应用于油田、油库、轮船、工厂、商店等场所。

3. 水基型水雾灭火器

水基型水雾灭火器是我国 2008 年开始推广的新型水雾灭火器，其具有绿色环保（灭火后药剂可 100% 生物降解，不会对周围设备与空间造成污染）、高效阻燃、抗复燃性强、灭火速度快、渗透性强等特点，是之前其他同类型灭火器所无法相比的。该产品是一种高科技环保型灭火器，在水中添加少量的有机物或无机物可以改进水的流动性能、分散性能、润湿性能和附着性能等，进而提高水的灭火效率。它能在 3 s 内将一般火势熄灭，不复燃，并且具有将近千摄氏度的高温瞬间降至 30 ~ 40 ℃ 的功效，主要适合配置在具有可燃固体物质的场所，如商场、饭店、写字楼、学校、旅游场所、娱乐场所、纺织厂、橡胶厂、纸制品厂、煤矿，甚至家庭等。

（二）干粉灭火器

干粉灭火器是利用氮气作为驱动动力，将筒内的干粉喷出灭火的灭火器。干粉灭火器内充装的是干粉灭火剂。干粉灭火剂是用于灭火的干燥且易于流动的微细粉末，由具有灭火效能的无机盐和少量添加剂经干燥、粉碎、混合而成的微细固体粉末组成。它是一种在消防中得到广泛应用的灭火剂，且主要用于灭火器中。除扑救金属火灾的专用干粉化学灭火剂外（干粉灭火剂一般分为 BC 干粉灭火剂和 ABC

干粉灭火剂两大类），目前国内已经生产的产品有磷酸镁盐、碳酸氢钠、氯化钠、氯化钾干粉灭火剂等。干粉灭火器可扑灭一般的可燃固体火灾，还可扑灭油、气等燃烧引起的火灾，主要用于扑救石油、有机溶剂等易燃液体、可燃气体和电气设备的初起火灾，广泛用于油田、油库、炼油厂、化工厂、化工仓库、船舶、飞机场以及工矿企业等。

干粉灭火器的主要灭火机理，一是靠干粉中无机盐的挥发性分解物，与燃烧过程中燃料所产生的自由基或活性基团发生化学抑制和副催化作用，使燃烧的链式反应中断而灭火；二是靠干粉的粉末落在可燃物表面外发生化学反应，并在高温作用下形成一层玻璃状覆盖层，从而隔绝氧气，进而窒息灭火。另外，还有部分稀释氧和冷却作用。

（三）二氧化碳灭火器

二氧化碳作为灭火剂已有100多年的历史，其价格低廉，获取、制备容易。二氧化碳灭火器的容器内充装的是二氧化碳气体，靠自身的压力驱动喷出进行灭火。二氧化碳是一种不燃烧的惰性气体。它在灭火时具有两大作用：一是窒息作用，当把二氧化碳施放到灭火空间时，由于二氧化碳迅速汽化、稀释燃烧区的空气，当使空气的氧气含量减少到低于维持物质燃烧时所需的极限含氧量时，物质就不会继续燃烧从而熄灭；二是冷却作用，当二氧化碳从瓶中释放出来，由于液体迅速膨胀为气体，会产生冷却效果，致使部分二氧化碳瞬间转变为固态的干冰，在干冰迅速汽化的过程中要从周围环境中吸收大量热量，从而达到灭火的效果。二氧化碳灭火器具有流动性好、喷射率高、不腐蚀容器和不易变质等优良性能，常用来扑灭图书、档案、贵重设备、精密仪器、600 V 以下电气设备及油类的初起火灾。

（四）洁净气体灭火器

洁净气体灭火器是将洁净气体（如 IG541、七氟丙烷、三氟甲烷等）灭火剂直接加压充装在容器中，使用时，灭火剂从灭火器中排出形成气雾状射流射向燃烧物，当灭火剂与火焰接触时发生一系列物理化学反应，使燃烧中断，达到灭火目的。洁净气体灭火器适用于扑救可燃液体、可燃气体和可熔化的固体物质以及带电设备的初起火灾，可在图书馆、宾馆、档案室、商场以及各种公共场所使用。其中，IG541 灭火剂的成分为 50% 的氮气、40% 的二氧化碳和 10% 的惰性气体。洁净气体灭火器对环境无害，在自然环境中存留期短，灭火效率高且低毒，适用于有工作人员常驻的防护区。

（五）焊接与切割作业采用的灭火剂

焊接与切割作业中，电气设备、电石及乙炔气发生火灾时，相应采用的灭火剂见表 6 - 6。

表 6 - 6 焊接与切割作业产生火灾采用的灭火剂

火灾种类	采用的灭火剂
电气设备火灾	IG541、二氧化碳、干粉、干沙、洁净气体、水基型（水雾、泡沫）
乙炔气火灾	干粉、干沙、水基型（水雾、泡沫）、二氧化碳、洁净气体
电石火灾	干粉、干沙

（六）灭火器的报废标准

灭火器从出厂日期算起，达到如下年限的，应报废：水基型灭火器，6 年；干粉灭火器，10 年；洁净气体灭火器，10 年；二氧化碳灭火器，12 年。

检查中发现灭火器有下列情况之一时，应报废：

（1）筒体、器头进行水压试验不合格的。

（2）二氧化碳灭火器的钢瓶进行残余变形率测试不合格的。

（3）筒体严重锈蚀（漆皮大面积脱落，锈蚀面积大于筒体总面积的 1/3，表面产生凹坑）或连接部位严重锈蚀的。

（4）筒体严重变形的。

（5）筒体、器头有锡焊、铜焊或补缀等修补痕迹的。

（6）筒体、器头（不含提、压把）的螺纹受损、失效的。

（7）筒体与器头非螺纹连接的。

（8）器头存在裂纹、无泄压结构等缺陷的。

（9）水基型灭火器筒体内部的防腐层失效的。

（10）没有间歇喷射机构的手提式灭火器。

（11）筒体为平底等结构不合理的灭火器。

（12）没有生产厂名称和出厂年月的（含铭牌脱落，或虽有铭牌，但已看不清生产厂名称；出厂年月钢印无法识别的）。

（13）被火烧过的灭火器。

（14）不符合消防产品市场准入制度的灭火器。

（15）按国家或有关部门规定应予报废的灭火器。

报废灭火器或储气瓶，应在确认内部无压力的情况下，对灭火器筒体或储气瓶进行打孔、压扁或锯切，报废情况应有记录，并通知送修单位。

第七章　电气焊作业安全要求与管理

第一节　通用安全要求

根据《石油工程建设施工安全规范》（SY/T 6444—2018）等规范的要求，电气焊作业通用安全要求主要有以下几项。

一、焊接设备与辅助器具安全要求

1. 焊接设备

（1）焊接设备的安全要求应符合相关国家标准。

（2）焊接电源应放置在防水、防潮及通风良好的机房或棚内。

（3）焊接电源的配电系统控制装置应有足够的容量，其电源开关、漏电保护装置应灵敏有效，每台焊剂应设有单独电源开关和自动断电装置。

（4）焊接电源的操纵和控制装置应安放在明显和方便操作的位置，并留有安全通道。

（5）焊接电源接线柱、极板和接线端应有完好的隔离防护装置。

（6）应避免焊接电源的各接触点和连接件在运行中松脱或断裂，保证连接牢靠。

（7）焊接设备的安装、修理和检查应由电工进行。

（8）焊接电源应有良好的保护接地或接零，并设置漏电自动保护装置，接地线或接零线应用整根导线，中间不应有接头，连接牢靠，应有防松动措施。

（9）焊接电源的接地装置应打入地下，重复接地的电阻不应大于 10 Ω。

（10）焊弧变压器二次线圈一端与焊件不应同时存在接地或接零装置。

2. 焊钳和焊枪

（1）焊钳和焊枪应符合有关标准的技术规定，应有良好的绝缘和隔热性能。

（2）焊钳和焊枪与电缆的连接应牢靠，接触良好，连接处导体不应裸露。

（3）焊钳应保证与水平成 45°、90° 等方向都能夹紧焊条，更换焊条方便。

（4）使用水冷式等离子弧割枪或氩弧焊枪时，应保证水冷却系统密封性能完好，水流开关应有保护装置。

3. 焊接电缆

（1）焊接电缆应采用多股铜线电缆，应具有较好的抗机械性损伤能力及耐油、耐热和耐腐蚀性能。

（2）焊接电缆应轻便柔软，具有良好的绝缘外层，绝缘电阻不应小于 1 MΩ。

（3）焊机的电缆宜使用整根导线制成，并应有适当的长度，一般以 20～30 m 为宜。需要接长导线时，专用接头数不宜超过 2 个，且接头处应连接牢固、绝缘良好。

（4）焊接电缆的长度和截面积可按表 7 - 1 选取。

（5）焊接电缆应经常进行检查，损坏的电缆应及时更换或修复。

（6）构成焊接回路的电缆不应搭放在气瓶等易燃品上，或与油脂等易燃物质接触。在经过通道、道路时，应采取保护措施。

（7）不应利用厂房钢结构、管道、轨道或其他金属物件搭接作为焊接电缆线使用。

（8）不应将焊接电缆放在电弧附近或炽热的焊缝金属旁，以避免烧坏绝缘层。

（9）焊接电缆穿过开孔或棱角处时，应采取保护措施，防止割破绝缘层。

表 7-1 电缆截面与电流、电缆长度的关系

电流/ A	电缆长度/m								
	20	30	40	50	60	70	80	90	100
	截面积/mm²								
100	25	25	25	25	25	25	25	28	35
150	35	35	35	35	30	50	60	70	70
200	35	35	35	50	60	70	70	70	70
300	35	50	60	60	70	70	70	85	85
400	35	50	60	70	85	85	85	95	95
500	50	60	70	85	95	95	95	120	120
600	60	70	85	85	95	95	120	120	120

二、焊接作业安全技术要求

1. 一般要求

（1）焊接作业人员应经培训持有效证件，方可上岗。

（2）焊接作业人员的心理、生理条件应满足工作性质的需求，应无作业禁忌证，并按规定定期进行健康检查。

（3）焊接作业人员应正确穿戴和使用个人劳保防护用品。

（4）焊接前应对设备与电源线路进行检查，焊机的输出、输入线应完好，不应裸露在外。

（5）改变焊机接头、更换焊件或需要改接二次回路、转移工作地点、更换保险丝及焊机发生故障需检修等，应切断电源后再进行。

（6）工作地点应有良好的自然光线或充足的照明设施。

（7）焊机安装固定后，应定期（最长不超过 180 d）由专业人员进行安全检查，检查内容主要有：

①焊机内部是否有松动等不正常情况。

②焊机面板安装的器件是否能保证焊机功能正常。

③焊机电缆是否老化，能否继续使用。

④焊机的输入电缆是否损坏。

⑤焊机的供电网络容量是否满足焊机正常工作要求，接入焊机的电源安全保护装置是否工作正常。

（8）露天作业时遇到风、雨、雪和雾天等，在无保护措施的条件下，禁止焊接作业。

（9）凡带有压力、带电以及密封的承压设备，禁止施焊。

（10）使用压缩空气瓶时，应采取预防气瓶爆炸着火的安全措施。

2. 特殊条件的焊接作业

1）置换用火

（1）用火前应编制用火安全措施并经相关部门批准。

（2）隔离：①采用盲板使焊补的承压设备与生产部分完全隔离；②盲板除必须保证严密不漏气外，还应保证能耐管路的工作压力，避免盲板受压破裂；③在盲板与阀门之间应加设放空管或压力表，并派专人看守。

（3）置换：①通常采用先蒸汽蒸煮，再用置换介质吹净等方法将承压设备内部的可燃物质和有毒性物质置换排除；②置换作业应以气体成分化验分析合格为准；③未经置换处理，或虽已置换但尚未分析化学成分为合格的可燃物质，禁止焊接作业。

（4）焊补前，应将可燃物质和有毒物质承压设备清洗干净。

（5）检修用火开始前半小时内，应从设备内外的不同地点取混合气样品进行化学分析，检查合格后，方可动火补焊。

（6）焊补过程中需要继续用仪表监视，若发现可燃气浓度上升到危险浓度时，应立即停止用火，直到清洗合格为止。

（7）用火焊补前，应打开承压设备的人孔、手孔、清扫孔和放空管等。

（8）工作区域周围 10 m 范围内应停止其他用火作业，并将易燃易爆物品转移到安全场所。

（9）必须准备好消防器材，在黑暗处所或夜间工作应有足够的照明，并准备好带有防护罩的手提式低压（12 V）行灯等。

2）带压不置换用火

（1）用火前应编制用火安全措施并经相关部门审批。

（2）专人统一指挥。

（3）专人监督控制系统压力。

（4）专人化验分析和控制含氧量。

（5）正压操作。

（6）安全措施按置换用火相关条款执行。

3）高处焊接

（1）高处焊接作业时，应正确使用安全带。

（2）所使用的焊条应放在焊条桶内，且焊条桶应固定在合适位置，工具等应装在无孔的工具袋内，焊条头应回收至桶内。

（3）在电焊火星所及的范围内，应彻底清除易燃物品，若无法清除应采取隔离措施，并设专人监护。

（4）六级及以上的大风、雷、雨、雪和雾天等条件下，禁止焊接作业。

4）受限空间作业

（1）在受限空间内进行焊接作业前，应进行可燃气体浓度和含氧量检测，其浓度含量应符合《化学品生产单位受限空间作业安全规范》（AQ 3028—2008）的安全要求。

（2）作业过程中应保证必要的检测次数。

（3）在受限空间入口醒目处应设置警示标志，施焊中应采取强制机械通风措施，应保持入口和通风口畅通，并设专人监护。

（4）进入设备作业应消除压力，开启人孔，关闭与输送管道连接的密闭设备中的阀门，并在醒目处设置禁止启动的标志。

（5）作业时所用的电气设备、电缆线应保持完好，按规定配备漏电自动保护装置。

（6）工作间隙时，电焊把、碳弧气刨把、磨光机等工具应放置在干燥绝缘处，并切断所有的电源。

（7）在受限空间内禁止修理电动工具。

（8）进行多层作业时，在作业区域内应增加隔离设施。

第二节　海洋石油设施电气焊作业安全要求

海洋石油设施电气焊作业属于热工作业，作业时应严格遵守《海洋石油设施热工（动火）作业安全规程》（SY 6303—2016）、《热工作业安全管理要求》（QHS 4008—2010）（海油总企标）等标准规范的要求，还应遵守所在设施的安全管理规定和程序。

一、基本要求

（1）危险区域热工作业实行热工作业许可制度。热工作业许可应详细说明作业范围、作业人员，并进行危害辨识，制定作业方案和预防措施，必要时应绘制热工部位示意图、编制应急预案，以上内容经审批后生效。

（2）热工作业应严格执行热工作业前检查、热工作业中监督、热工作业结束后清场确认的制度。

（3）热工作业人员应经过专业安全知识教育，应了解现场热工内容，熟悉热工（动火）方法和热工安全技术措施，特种作业人员应持有有效的特种作业资格证书。

（4）应指定热工作业监督（护）人协调、监督和落实热工作业过程中安全措施的执行情况。热工作业监护人员应熟悉热工作业方案及应急处置方案，在实施热工作业过程中不得离开热工现场。

（5）热工作业施工现场应按照热工作业方案的要求配备相应的消防器材。

（6）热工作业的审批报告、各种记录应至少保存一年。

（7）在井喷、溢油等紧急情况下进行热工作业时，应按照企业制定的应急预案相关内容组织实施。

（8）热工作业涉及进入受限空间、临时用电、舷外作业、高处作业等时，应制定安全措施并办理相应的作业许可证。

（9）移动式海洋石油设施在船厂修理、改造期间进行热工作业，应按与船厂签订的合同规定执行。

（10）移动式海洋石油设施在港口或锚地期间进行热工作业，应按当地海事部门的规定执行。

（11）公司所属单位按照《热工作业安全管理要求》（QHS 4008—2010）（海油总企标）定义，划定各自单位的危险区域热工作业范围。

（12）热工作业许可证只在签发的一个场所、一个作业班次内有效，有效时间由各单位自行确定。如该次作业不能在有效时间内完成，应申请延长或重新办理。

（13）在易燃易爆危险区域内，应严格限制热工作业，凡能拆下来的设备、装置单元应移到安全区域进行热工作业。

（14）热工作业期间，如发现异常情况，应立即停止热工作业；恢复作业时应重新办理热工作业许可。

二、特殊部位的动火要求

（1）应充分考虑所有动火作业产生的废弃物及相关过程中产生、释放的各种废弃物的达标排放要求，防止无序排放。

（2）可燃漆料、其他可燃化合物或高浓度粉尘使用的地点不允许进行任何焊接、切割或加热作业。

（3）在立体作业面上（包括墙面、地板、房顶、海上设施甲板等）进行焊接、切割或加热作业时不但要在作业面侧采取防护措施，在作业面的反面也需要采取相同的防护措施，以防止由于火花穿透或热传导造成火灾危害。

（4）井口区域动火作业，应由生产操作人员严格检查井上下安全阀自动、手动关闭系统必须处于完好状态，以便紧急情况时随时关断。

（5）储油罐、舱、柜、箱（本体内部动火）动火作业前应做如下处理：

①由作业负责人组织清洗内部油污。

②由作业负责人负责组织强制通风置换，达到容器内可燃气体的含量小于爆炸极限下限的20%，动火作业时继续通风直至动火完毕。

③进入容器内的作业人员应穿戴防静电劳保服装。

④确保容器内环境含氧量在19.5%～22%之间。

⑤在动火作业范围内不允许有其他明火作业。

⑥容器内所用敲打、撞击等工具应是防止火花和静电产生的材料制成。

（6）储油轮、舱外本体动火作业由于条件所限无法清洗，应满足以下条件：

①整个容器无任何裂缝和破漏。

②焊接金属熔化深度应小于壁厚的1/3。

③容器所有管道进出口均应使用5～10 mm钢质盲板，并加2 mm以上耐油橡胶盲垫一起盲死，确保无泄漏。

④施工单位负责人组织采取容器内部充水（其液面应到容器顶部，不应有间隙）或采取充惰性气体（如氮气、二氧化碳气体等）措施，使容器内含氧量在4%以下。

（7）油（气）管线动火作业前应做如下处理：

①负责人组织清洗管线内的油污和残存的可燃气体，然后进行强制通风达到可燃气体含量小于爆炸极限下限的20%，动火作业完成后方可停止通风。

②对动火部位的管线进行清洗和通风处理，无法清洗的可用惰性气体或液体置换，但必须封堵。

三、作业级别划分

热工作业分为一级、二级、三级，一级为最高级别。热工作业级别由企业按照海洋石油设施危险区域划分原则要求，结合工况和环境条件确定。

海洋石油设施危险区域应按以下原则划分：

（1）0类危险区：在正常操作条件下，连续地出现达到引燃或爆炸浓度的可燃气体或蒸气的区域。

（2）Ⅰ类危险区：在正常操作条件下，断续地或周期性地出现达到引燃或爆炸浓度的可燃气体或蒸气的区域。

（3）Ⅱ类危险区：在正常操作条件下，不大可能出现达到引燃或爆炸浓度的可燃气体或蒸气，但在不正常操作条件下，有可能出现达到引燃或爆炸浓度的可燃气体或蒸气的区域。

（4）安全区：危险区以外的区域。

四、人员要求

1. 热工作业人员

热工作业人员应满足如下要求：

（1）参加热工作业的焊工、电工等特种作业人员应持证上岗。

（2）应遵守现场的热工作业安全制度。

（3）应正确穿戴符合现场安全要求的劳动防护用品。

（4）热工作业前应检查热工许可证是否已开具、热工监护人是否到位、现场安全措施是否落实，如有不符合可以拒绝作业。

（5）作业人员应配备两台以上可用的便携式可燃气体探测仪，如果是在限制空间内实施动火作业，且需要控制氧气含量时，还应配备两台以上便携式氧气测试仪。

（6）热工作业人员在热工作业点的上风作业，应位于避开油气流可能喷射和封堵物射出的方位。但在特殊情况下，可采取围隔作业并控制火花飞溅。

（7）热工作业人员离开现场时应切断电焊机电源，关闭氧气、乙炔气瓶阀门，并清理现场。

2. 热工监护人员

热工监护人员应满足如下要求：

（1）有责任守护热工作业人员的安全。

（2）应经过相关专业培训，熟悉并掌握常用的急救方法，具备消防知识，会熟练使用消防器材，熟知应急预案，持证上岗。

（3）热工作业前，应对现场环境进行检查。

（4）在接到热工许可证后，应逐项检查落实防火措施。

（5）在热工作业过程中，不准离开现场，不可参与作业。

（6）热工作业过程中发现异常情况，应立即要求作业人员停止作业。

（7）热工作业完成后 30 min 内，应对现场进行检查，确认无火灾隐患存在方可撤离。

五、作业审批

海洋石油设施热工作业应按以下原则审批：

（1）一级热工作业方案应由设施所属单位审批，必要时安排专人对现场进行落实。

（2）二级热工作业方案应由设施管理单位审批并报设施所属单位安全部门备案，必要时安排专人对现场进行落实。

（3）三级热工作业方案由设施主要负责人审批。

热工作业方案实施有效期不得超过 12 h。

同一设施上多处同时进行热工作业或交叉作业时，其方案应一并审批。

六、实施要求

（1）热工作业实行安全措施确认制度。热工作业前，安全监督（护）人、热工作业人员及有关人员对热工措施进行逐项落实，确认无误后方可进行热工作业。热工作业现场条件发生变化或中途停工 1 h（含）以上，应再次对现场安全措施进行逐项确认。

（2）核对热工作业人员的持证情况。

（3）参加热工作业的所有工作人员应正确穿戴符合安全要求的

劳动防护用品。

（4）需热工作业施工的设备、设施和与热工作业直接有关的阀门及电气设备应采取必要的隔离锁定措施，其控制由设施负责人安排专人操作并进行标识，热工作业未完工前不得擅离岗位。

（5）热工作业施工区域应设置警戒，并告知设施上的所有作业人员。

（6）热工作业所使用的氧气、乙炔管线及附件应齐全合格，氧气瓶与乙炔瓶应至少分开 5 m 放置并可靠固定，不应接触油污、高温、明火；夏季应防止暴晒，空瓶与实瓶应分开放置，并有明显标志。

（7）消防器材应齐全、完好、性能可靠。

（8）凡需要热工作业的储罐、容器等设施应采取必要的清扫或隔离措施，热工作业前 30 min 内应进行内部和周围环境气体检测（气体检测应包括可燃气体浓度、有毒有害气体检测、氧气浓度检测），同时应测爆合格和保持有效的通风。

（9）应清除距热工作业区域周围 5 m 之内的可燃物质或用阻燃物品隔离。

（10）采用电焊进行热工作业施工的储罐、容器及管道等应在焊点附近安装接地线，其接地电阻应小于 10 Ω。施工现场电气线路布局与要求应符合《电气装置安装工程　爆炸和火灾危险环境电气装置施工及验收规范》（GB 50257—2014）的要求。

（11）电焊机等电器设备应有良好的接地装置，并安装漏电保护装置。

（12）热工作业单位应对作业人员进行安全教育。

（13）热工作业单位应选择合适的热工作业设备、机具，并按照其操作规程进行作业。

（14）在热工作业前，热工作业人员应对所用设备、机具进行检查，确保其完好。如设备、机具附带安全装置，则应重点检查安全装置。

（15）作业前，热工作业人员应对周围有可能产生影响的设备设施加以保护，避免损伤设备设施。

（16）热工监护人员应保证热工作业许可证中的各项防护措施得到落实。

（17）热工监护人员应通告附近的其他作业人员，不可从事任何可能改变环境条件而使许可证失效的工作。

（18）在热工作业区域内，热工监护人员应防止与许可证作业内容相冲突的其他作业同时进行，如清洗、喷涂或其他可能导致可燃物质挥发的作业。

（19）当发生某种变化而产生不安全状态时，如发现火花、火焰或热辐射扩散到许可区以外的地方或怀疑可燃气出现，热工监护人员应通知所有有关人员停止工作。

（20）必要时，热工作业区域应设置明显隔离、警示标志，防止无关人员进入；当在高处热工作业时，应在下方隔离出安全区域；在必要的地方设置"禁止入内""正在热工"等警告标识。

（21）热工作业中如涉及带电设备，热工作业人员应采取避免触及带电元件的措施；在狭窄的工作场地作业时，热工作业人员应将附近的导电部件加以绝缘，避免触电。

（22）在狭窄区域或限制空间热工作业中，为保证人员有良好的呼吸环境，防止有毒有害和易燃气体聚集，热工作业单位应提供自然通风或强制通风。

（23）工作地面潮湿或有水时，热工作业人员应采取适当措施，防止人员受到电击。

（24）热工作业前，热工作业单位应指定专人对热工区域及附近不同地点的空气进行检测，所用的可燃气体检测仪应在周期校验的有效期内。易燃气体的浓度低于其爆炸下限的 25% 时方可进行热工作业。若在有限空间内进行热工作业，还应对该空间进行氧气含量监测。以上测试记录均应存档备查。

（25）在储存易燃物的容器、管线中进行热工作业时，热工作业单位应将容器、管线内的残液、污垢和沉积物清洗干净，经检查合格后方可作业。

（26）如果工作场地有易燃物质，热工作业单位应将易燃物质转移到安全区域。若转移不了，应加以保护，避开火花和熔渣等热源。

（27）热工监护人员在热工作业前应对作业现场进行环境检查，包括任何隔墙或障碍物的另一边，尤其应注意下水道或地漏等处不得有任何易燃物品或火源传导途径。

（28）热工作业结束后，热工作业人员应清除各种火源，切断与热工作业有关的电源、气源等，恢复现场的安全状态。

七、完工确认

热工作业结束后，热工作业监护人应对现场进行检查，确认无火灾隐患存在并签字确认后方可撤离。

第三节　海洋石油设施电气焊作业安全管理

海上石油设备主要是指钻井平台、采油平台、浮式生产储油装置及船舶。这些设备所接触的石油、天然气成为气态后，会随空气扩散，并容易燃烧和爆炸，同时天然气比空气轻，在相对稳定的大气中容易逸散。因此海洋石油电气焊作业时存在以下风险：引燃石油挥发气体或天然气，导致着火或爆炸；引燃作业区域周围可燃物，造成火灾；作业高温及强光通过传导、辐射和对流传递至其他设备、物体和人体，造成人员伤害、设备损坏，对海上作业构成较大威胁。

为了规范电气焊等作业过程中的安全管理工作，并为相关人员提供热工作业的安全指导，保障作业安全有序进行，中海油天津分公司制定了《热工作业安全管理规定》，对天津分公司所辖范围内热工作业进行安全管理。相关术语和定义如下：

危险区：0类危险区，在正常操作条件下，连续地出现达到引燃或爆炸浓度的可燃气体或蒸气的区域；1类危险区，在正常操作条件下，断续地或周期性地出现达到引燃或爆炸浓度的可燃气体或蒸气的区域；2类危险区，在正常操作条件下，不大可能出现达到引燃或爆炸浓度的可燃气体或蒸气，但在不正常操作条件下，有可能出现达到引燃或爆炸浓度的可燃气体或蒸气的区域。

安全区：危险区之外的区域。

热工作业：一项使用或产生火源或热源的活动（包括危险区内使用相机进行的摄影），如焊接、切割、打磨、加热、使易燃易爆介质温度高于燃点的施工等作业，包括产生火焰、火花、炽热表面、化学反应等情况。

一、热工作业审批

（1）危险区热工作业前，作业申请人应按照相关要求提前办理热工作业申请，作业申请人应为本次热工作业的负责人。

（2）危险区热工作业申请由所属单位质量健康安全环保部或其授权人审核。

（3）危险区热工作业由设施负责人或其授权人批准。

（4）安全区热工作业是否办理作业许可证由所属单位自行界定。

热工作业许可证样例如下。

热工作业许可证

许可证编号：＿＿＿＿＿＿＿＿

未经签发许可证，不得开始工作。本许可证仅对本申请表中所列的工作范围有效。

如遇火警或气体泄漏警报，必须停止所有工作并且在离开之前保证所有设备处于安全状态。

设施名称		许可申请人	
现场监督		职务	
		工作单位	

除签字之外，一律使用正楷填写

A 作业内容 （本栏由许可证申请人填写）
动火作业时限：从＿＿＿＿＿＿（年/月/日）＿＿＿＿＿＿时　到＿＿＿＿＿（年/月/日）＿＿＿＿＿＿时
作业所在设备：＿＿＿＿＿＿＿＿＿＿＿＿＿　地点：＿＿＿＿＿＿＿＿＿＿＿＿＿＿＿
动火作业中所使用的工具/设备：＿＿＿＿＿＿＿＿＿＿＿＿＿＿＿＿＿＿＿＿＿＿＿＿＿
计划工作内容：＿＿＿＿＿＿＿＿＿＿＿＿＿＿＿＿＿＿＿＿＿＿＿＿＿＿＿＿＿＿＿＿
许可申请人：＿＿＿＿＿＿（签名）

（续）

B	一般注意事项		
□通知其他可能受影响的人员		□设置警戒绳	□隔离火灾/可燃气体监测系统
□提供额外的通道、通风、照明		□张贴警告标志	□通知守护船
□确保设备无油、无气、无易燃物或其他有害物品		□广播通知所有人员	□提供无线电通信
□关停、隔离、释压、排空和对有关设备扫线		□确保下水道安全加盖	□需要进入限制空间作业许可证
		□操作被隔离设备上的开关检查电器隔离	

C	个人保护用品 – 用于涉及热工作业的工作人员			
□护目镜	□防尘口罩	□手套	□救生衣/救生背心	□自携式呼吸器/过滤式呼吸器
□面罩	□听力保护用品	□防酸服/围裙	□安全带	□其他（请列出）

D	防火措施		
□手提式气体探测器		□吃饭和休息期间监火员守岗	□防火毯
□监火员（一个或一个以上）		□工作现场地面泡沫毯	□其他正压防护装置
□工作现场配备手提式灭火器		□电焊机独立接地	□动火作业期间开动消防泵
□准备好消防水龙带		□防止火星和熔渣扩散	□电焊机自动断电保护

E	隔离/上锁与挂牌	
□要求信号旁通　如需要，　填写信号旁通许可证编号：＿＿＿＿＿＿＿＿＿		本作业属于带电作业：是□　否□
□要求电气隔离　如需要，　填写电气隔离锁定单编号：＿＿＿＿＿＿＿		本作业属于高压（400 V 以上）作业：是□　否□
□要求机械或工艺隔离　如需要，　填写机械、工艺隔离锁定单编号：＿＿＿＿＿＿		

F	气体测定/记录	G	特别要求
□开始作业前　　　　□连续监测			
□作业期间定期测量　□每次吃饭、休息、停工之后			
开始工作前			

测定项目	允许动火作业范围	开始动火作业前的测定值	时间	签名	H	监护□　全程□　部分□
氧气	19.5% ~22%				部分监护要求或说明：＿＿＿＿＿＿＿	
可燃性气体	<% LEL					
定期测定记录					I	作业安全分析表/作业风险评估表　需要□　不需要□
记录在 HSE/W O–201R05"气体检测记录表"上					填写作业安全分析/作业风险评估表表编号：	

J	声明
本人，作为生产现场负责人，保证已采取了以上所有安全预防措施并将以上所有安全要求传达给了许可申请人。　　　　　　　　　　＿＿＿＿＿＿＿＿现场监督
本人，即本许可证申请人，兹代表我本人及我的组员，理解上述安全要求并将按照上述要求和天津分公司的体系要求安全地进行作业。　　　　　　　　　＿＿＿＿＿＿＿＿许可申请人
本人，作为现场作业监护人，理解此次作业的监护内容和要求并严格执行　　　　＿＿＿＿＿＿＿＿作业监护人

（续）

K	审批 -（如上述所有条件符合，可以签发许可证）
	＿＿＿＿＿＿安全监督　＿＿＿＿＿＿生产监督　＿＿＿＿＿＿签发人
L	许可证延长 -（延长时间不得超过 6 小时，否则，需申请新的许可证）
	许可证延长：从＿＿＿＿＿（年/月/日）＿＿＿＿＿时到＿＿＿＿＿（年/月/日）＿＿＿＿＿时
	＿＿＿＿＿＿安全监督　＿＿＿＿＿＿生产监督　＿＿＿＿＿＿签发人
M	工作暂停后的延续
	本人已完成了对现场的确认，按照程序要求采取了必要的措施，并将有关情况通知了现场监督，请批准延续作业 ＿＿＿＿＿＿作业申请人
	经本人现场确认，各项安全措施和条件符合程序规定的继续作业的要求，同意作业延续。＿＿＿＿＿＿现场监督
N	作业完成情况/审查
	作业许可证关闭于：＿＿＿＿＿（年/月/日）＿＿＿＿＿时，工作场地及设备已处于安全状态。
	作业是否完成？　□否　□已完成，工作场地及设备已恢复正常。
	隔离是否已去除？　□否　□已去除。　　审查人：＿＿＿＿＿＿现场监督
	声明人：＿＿＿＿＿＿许可申请人　　　审核人：＿＿＿＿＿＿生产监督

注：签发人一份（蓝色，放办公室）；中控一份（黄色）；许可申请人一份（白色）。

　　总监或其指定的人是签发批准人。最长时间为 12 小时。

二、热工作业要求

1. 热工作业相关人员要求

（1）参与、监护、监督作业的所有相关人员必须参加施工前的作业安全分析会，熟知此次作业的安全风险及控制措施。

（2）现场监督负责监督热工作业的安全预防措施实施、工作程序执行，包括检查巡视、指定监护人、准许作业开始、报告安全状态等工作。

（3）热工作业开始前，作业监护人应到场，并组织检查现场的消防、报警及逃生系统，确定其为正常可靠状态。热工作业必须要由有监火资格的作业监护人在场监护。如果作业监护人和现场监督发现了作业中的异常情况，应要求作业人员立即停止作业。

（4）现场作业人员应穿戴好符合要求的劳动保护用品，参加热工作业的焊工、电工等特种作业人员应持证上岗。

（5）作业监护人负责准备应急器材、对作业进行守护监视、监督健康安全环境措施、纠正不规范行为、检查应急物资准备、提示作业风险等工作。

（6）现场监督、作业监护人如果发现作业部位与热工作业许可上的描述不相符，或者安全措施不落实时，有权制止作业。

2. 热工作业机具、材料要求

（1）电焊机等电器设备应有良好的接地装置，并安装漏电保护装置。

（2）作业单位相关人员应将各种施工机械、工具、材料及消防器材摆放在指定的安全区域内，并由现场监督和安全监督检查确认。

（3）作业单位应配备两台或以上便携式可燃气体探测仪，如果在限制空间内进行热工作业，需要探测仪具有测试氧气含量功能。

（4）如果作业单位需使用气瓶，应严格按照相关规定和要求正确使用。

3. 热工作业过程要求

（1）作业单位应对作业人员进行安全教育和交底，并与可能涉及的交叉作业相关单位提前沟通，检查落实各项安全防护措施，确保各类作业安全有序进行；如有必要，设施负责人可根据情况停止其中一方或多方的作业。

（2）作业单位应按照健康安全环保管理的相关规定，清除热工作业区域 5 m 之内的可燃物质或用阻燃物品将其隔离。

（3）作业单位根据需要设置警告牌或护栏，防止无关人员进入；当在高处作业时，应对下方做必要的防护。

（4）作业单位应对热工现场可燃气体进行测试，其含量应小于爆炸极限下限（LEL）的 20%。

（5）在热工作业开始前，应严格执行《作业许可管理规定》；作业负责人报告中控，由中控值班人员通过广播告知所有人员。

（6）热工作业所需采取的隔离、锁定措施，应严格执行《能量隔离管理规定》。

（7）热工作业现场产生的废弃物应按《固体废物管理规定》的相关规定予以处置。

（8）设施负责人可根据热工作业的危险性，决定是否指派值班守护船巡航待命。

（9）遇有六级以上（含六级）大风、浓雾、暴雨、雷电天气时，应立即停止热工作业。

（10）工作地面潮湿或有水时，如果无法保证电气作业安全，作业人员应停止电焊作业。

（11）在进行热工作业时，作业单位应采取防止火花飞溅扩散的措施，如有效封堵动火点附近的地漏、有风天气使用非可燃材料的遮挡物阻挡火星飞溅等。

（12）在热工作业过程中，应将刚使用过的高温焊条收集在指定容器内，避免焊条引燃其他可燃物和污染环境。

（13）在热工作业中止一段时间（2 h内）重新开始作业前，应重新确认作业环境、条件是否满足安全作业要求；如果热工作业中止超过2 h，应重新进行作业许可的申请和审批。

4. 特殊部位热工作业要求

（1）井口区热工作业，应由采油操作人员严格检查井上下安全阀自动、手动关闭系统是否处于完好状态，以便紧急情况下随时关断。

（2）储油罐、舱、柜、箱热工作业前应做如下处理：

①由作业负责人组织清洗内部油污，应充分考虑所有清洗作业产生的废弃物及相关过程中产生、释放的各种废弃物的处理要求。

②由作业负责人负责组织强制通风置换（如鼓风机等工具），使可燃气体的浓度低于其爆炸极限下限（LEL）的20%，热工作业时继续通风直至热工作业完毕。

③进入容器内的作业人员应穿戴防静电劳保服装。

④需作业人员进入容器的作业，应确保容器内环境含氧量在19.5% ~22%之间。

⑤在热工作业范围内不允许有其他明火作业。

⑥容器内所用敲击工具等应是防止火花和静电产生的材料制成。

⑦容器外部作业前及作业过程中，应实时检测可燃气浓度（尤其是排气口附近的作业）。

（3）浮式生产储油装置热工作业前应做如下处理：

①整个容器无任何裂缝和破漏。

②焊接金属熔化深度应小于壁厚的 1/3。

③容器所有管道进出口均应使用 5 ~ 10 mm 钢质盲板，并加 2 mm 以上耐油橡胶盲垫一起盲死，确保无泄漏。

④施工单位负责人组织采取容器内部充水（其液面应到容器顶部，不应有间隙）或采取充惰性气体（如氮气、二氧化碳气体等）措施，使容器内含氧量在 4% 以下。

（4）油（气）管线热工作业前应做如下处理：

①作业开始前，作业负责人应确认切断物料来源并加好盲板，经彻底吹扫、清洗、置换后，保持可燃气体含量小于爆炸极限下限（LEL）的 20% 后，方可开始热工作业。

②如果热工部位的管线无法清洗，可以使用惰性气体或液体置换的方式降低可燃气体的含量。

③开始作业前，应熟悉周边环境、识别逃生路线。

④禁止正对管线或者法兰开口的方向开展热工作业，避免发生意外闪爆时对人员造成灼烫伤害。

三、热工作业收尾工作

（1）作业结束后，应消除各种火种，切断与热工作业有关的电源、气源等。

（2）合理处置各类废弃物。

（3）按作业计划恢复有关设施或设备的正常运行。

（4）作业监护人员应对现场进行检查确认，满足安全要求后，方可撤离。

（5）作业结束后，作业申请人应向热工批准人报告热工作业完成情况，并关闭热工作业许可证，及时恢复各类信号旁通和隔离锁定，保障现场的安全状态。

四、风险分析方法应用说明

作业安全分析（JSA）是一种常用于评估与作业有关的基本风险分析工具，以确保风险得到有效控制。作业安全分析使用下列标准的危害管理过程（HMP）：①识别潜在危害并评估风险；②制定风险控制措施（控制消除危害）；③计划恢复措施（以防出现失误）。

作业安全分析一般在控制房或作业现场进行。对于大型或复杂的任务，初始的作业安全分析可以坐在办公室以桌面练习的形式进行。其关键是作业安全分析应由熟悉现场作业和设备的、有经验的人员进行作业安全分析。

作业安全分析通常采取下列步骤：

（1）实施作业任务的小组成员负责准备作业安全分析。将作业任务分解成几个关键的步骤，并将其记录在作业安全分析表中。

（2）作业安全分析小组成员集合（通常三四个人），要求有相关经验。建议：有一位了解作业区域和生产流程设备的操作人员，有一位来自负责实施作业小组的成员和一位安全专业人员；在开始前，应对工作现场有至少一次的观察。

（3）审查每一步作业，分析哪一个环节会出现问题并列出相应的危害。作业安全分析小组可以使用由专业人员针对具体作业任务而制定的危害检查表。

（4）针对每一个危害，应对现有控制措施的有效性进行评估。

（5）对于那些需要采取进一步控制措施的危害，可通过提问"我们还能做些什么以将风险控制在更低的范围？"，来考虑在分析单内增加进一步的控制措施。

（6）审查完所有作业步骤后，安全监督、专业监督或总监应组织将所有已识别的控制措施在安全分析工作表中列出，包括作业危害、

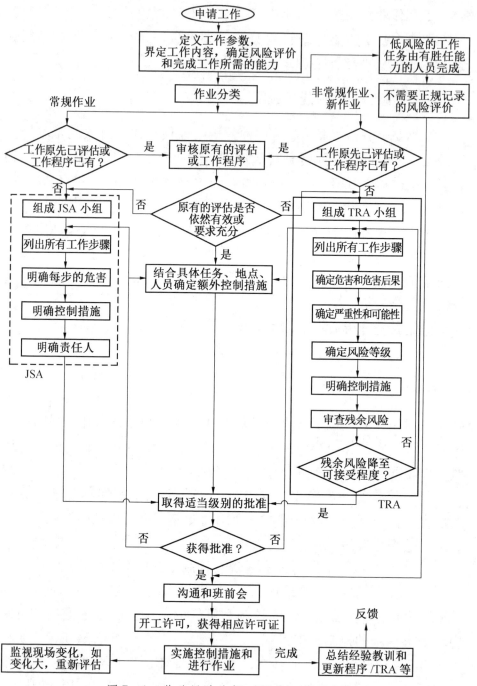

图 7-1 作业风险分析（评估）管理流程

控制要求、在作业期间谁负责实施执行等。

（7）负责该项作业任务的监督应确保在审批该项作业许可证时，作业安全分析表应和作业许可申请单附在一起。

（8）作业任务的负责监督负责向所有参与作业的人员介绍作业危害、控制措施和限制（通常通过作业前安全会），确保所有控制措施都按照作业安全分析的要求及时实施。

作业风险分析（评估）管理流程如图7-1所示。

第八章 典型事故案例

在焊接与切割作业生产中所发生的触电、火灾、爆炸、高空坠落及其他事故等，其主要原因可归纳为安全意识淡薄、工作责任心不强。因此，应吸取教训，加强安全意识，增强责任心。

一、触电事故

案例1：焊工擅自接通焊机电源遭电击事故

1. 事故经过

某厂有位焊工到室外临时施工点焊接，焊机接线时因无电源闸盒，便自己将电缆每股导线头部的胶皮去掉，分别接在露天的电网线上。由于错将零线接在火线上，当他调节焊接电流用手触及外壳时，即遭电击身亡。

2. 原因分析

焊工不熟悉有关电气安全知识，将零线和火线错接，导致焊机外壳带电，酿成触电死亡事故。

3. 预防措施

场地的电源线敷设必须由电工进行，焊工不得擅自进行。

案例2：换焊条时手触焊钳口遭电击事故

1. 事故经过

某船厂有一位年轻的女电焊工正在船舱内焊接，因舱内温度高加之通风不良，身上大量出汗将工作服和皮手套湿透。在更换焊条时触及焊钳口因痉挛后仰跌倒，焊钳落在颈部未能摆脱，造成电击。事故发生后经抢救无效而死亡。

2. 原因分析

（1）焊机的空载电压较高超过了安全电压。

（2）船舱内温度高，焊工大量出汗，人体电阻降低，触电危险性增大。

（3）触电后未能及时发现，电流通过人体的持续时间较长，使心脏、肺部等重要器官受到严重破坏，抢救无效。

3. 预防措施

（1）船舱内焊接时要设通风装置，使空气对流。

（2）舱内工作时要设监护人，随时注意焊工动态，遇到危险征兆时，立即拉闸进行抢救。

（3）当劳动防护用品因工作条件恶劣等原因导致防护作用降低或失效时，应更换合格的劳动防护用品。

案例3：接线板烧损，焊机外壳带电事故

1. 事故经过

某厂电焊工甲和乙进行铁壳点焊时，发现焊机一段引线圈已断，电工只找了一段软线交乙自己更换。乙换线时，发现一次接线板螺栓松动，使用扳手拧紧（此时甲不在现场），然后试焊几下就离开现场，甲返回后不了解情况，便开始点焊，只焊了一下就大叫一声倒在地上。工人丙立即拉闸，但由于抢救不及时而死亡。

2. 原因分析

（1）因接线板烧损，线圈与焊机外壳相碰，因而引起短路。

（2）焊机外壳未接地。

3. 预防措施

（1）应由电工进行设备维修。

（2）焊接设备应保护接地。

二、火灾事故

案例4：焊工在容器内焊接，借用氧气置换引起火灾事故

1. 事故经过

某农药厂机修焊工进入直径1 m、高2 m的繁殖锅内焊接挡板，

未装排烟设备，而用氧气吹锅内烟气，使烟气消失。当焊工再次进入锅内进行焊接作业时，只听"轰"的一声，该焊工烧伤面积达88%，三度烧伤占60%，抢救7天后死亡。

2. 原因分析

（1）用氧气作通风气源严重违章。

（2）进入容器内焊接未设通风装置。

3. 预防措施

（1）进入容器内焊接应设通风装置。

（2）通风气源应该是新鲜空气。

案例5：无证违章操作，酿成特大火灾事故

1. 事故经过

某年，位于洛阳市老城区的东部商厦楼前五光十色，灯火通明。台商新近租用东部商厦的一层和地下一层开设郑州丹尼斯百货商场洛阳分店，计划于26日试营业，正紧张忙碌地继续为店貌装修。商厦顶层4层开设的一个歌舞厅正举办圣诞狂欢舞会，然而就在大家沉浸于圣诞节的欢乐之时，楼下几簇小小的电焊火花将正在装修的地下室烧起，火势和浓烟顺着楼梯直逼顶层歌舞厅，酿成了20世纪末的特大灾难，夺走了309人的生命。

2. 原因分析

（1）着火的直接原因是丹尼斯雇用的4名焊工没有受过安全技术培训，在无特种作业人员操作证的情况下违章作业。

（2）没有采取任何防范措施，野蛮施工致使火红的焊渣溅落下引燃了地下二层家具商场的木制家具、沙发等易燃物品。

（3）在慌乱中用水龙头向下浇水自救火不成，几个人竟然未报警逃离现场，贻误了灭火和疏散的时机，致使309人中毒窒息死亡。

3. 预防措施

（1）焊工应持证上岗，在焊接过程中要注意防火。

（2）焊接场所应采取妥善的防护措施：

①要设专职监护人员监视火种。

②动火点周围10 m以内及下方不得有可燃物品，如移不去应采取切实可行的隔离方法。

③备有足够数量的灭火器材，如砂箱、泡沫灭火器等。

（3）事故发生后应立即报警，争取把火灾损失减到最小。

（4）要加强雇员的职业道德教育。

（5）加强对自动灭火系统的检查和维护。

案例6：喷漆房内电焊作业起火事故

1. 事故经过

电焊工甲在喷漆房内焊接一工件时，电焊火花飞溅到附近积有较厚油漆膜的木板上起火。在场工人见状都惊慌失措，有的拿笤帚打火，有的用压缩空气吹火，造成火势扩大。后经消防队抢救半小时，将火熄灭，虽未伤人，但造成很大的财物损失。

2. 原因分析

（1）在禁火区焊接前未经动火审批，擅自进行动火作业，违反了操作规程。

（2）未清除喷漆房内的油漆膜和未采取任何防火措施，就进行动火作业。

（3）灭火方法不当，错误地用压缩空气吹火，不但灭不了火，反而助长了火势，造成事故扩大的恶果。

3. 预防措施

（1）不准在喷漆房内进行明火作业。如必须施焊，应执行动火审批制度。

（2）清除一切可燃物，做好防火隔离。

（3）油漆房内应备有砂子、泡沫或二氧化碳灭火器材。

三、爆炸事故

案例7：焊补氢气管道引起爆炸事故

1. 事故经过

某化工厂有座几层楼高的深冷制氢装置，因管道漏气需焊补，该管道经过一个小屋子，为安全起见，先采用氮气吹扫小屋，将氢气置换排出，并用测爆仪检测合格。但在焊补前再次检测时，发现氢气浓度又上升达到爆炸极限。经过反复检查，原来泄漏的氢气除了在小屋子里扩散外，还钻进管道的保温材料珍珠砂里去了。随即再次用氮气吹扫置换，检测合格后，用事先准备好的湿麻袋将氢气泄漏的位置用砂子覆盖，然后进行焊补，开始操作不久就发生爆炸，将小屋及几层楼高的制氢装置炸毁，造成 7 人死亡，8 人受伤，6 人住院，损失 55 万元。

2. 原因分析

由于氢气是最轻的气体，湿麻袋实际上挡不住氢气从珍珠砂中往外扩散，屋子里的氢气浓度不断上升，动火条件发生了变化，由于氢气浓度达到爆炸极限而发生爆炸事故。

3. 预防措施

（1）应严格按照动火作业程序执行。

（2）动火作业期间应连续监测可燃气体含量，一旦超标报警立即停止动火作业。

（3）作业环境通风不良时，应加强机械通风。

案例 8：焊补柴油柜发生爆炸事故

1. 事故经过

某拖拉机厂一辆汽车装载的柴油柜，出油管在接近油阀的部位损坏，需要焊补。操作人员将柜内柴油放完之后，未加清洗，只打开人孔盖就进行焊补，立刻爆炸，现场炸死 3 人。

2. 原因分析

（1）油柜中的柴油放完之后，柜壁内表面仍有油膜存留，并向柜内挥发油气，与进入的空气形成爆炸性混合气体，被焊接高温引爆。

（2）焊工盲目焊补，酿成事故。

3. 预防措施

（1）柴油柜焊接前必须进行置换清洗处理，置换清洗合格后才能焊补。

（2）焊补时向柴油柜内持续通入惰性气体，保持柜内混合气体浓度低于其爆炸下限。

案例9：气割汽油桶发生爆炸事故

1. 事故经过

某地某部队用汽车拉来一个盛过汽油的空桶。未经任何手续，直接找到气焊工甲，要求把空油桶从中间割开。当时甲要求清理后才能切割。两名战士便把油桶拉走了。1 h后，那两名战士又把油桶拉回来了，并对甲说"用2斤碱和热水洗了两遍，又用清水洗了两遍"。甲便将油桶大、小孔盖皆打开，横放在地上，站在桶底一端进行切割。刚割穿一个小洞，油桶就发生了爆炸，桶底被炸开，将甲的双腿打成粉碎性骨折，桶底飞出近5 m，桶后移近1.5 m。

2. 原因分析

（1）清洗汽油桶不彻底，桶内仍有残余汽油及其蒸气，切割火焰引燃桶内汽油而爆炸。

（2）油桶经清洗后未进行气体分析，盲目切割，酿成事故。

3. 预防措施

焊接、切割盛燃油的容器前必须经严格的清洗、置换等安全处理，且必须经气体分析检测合格后才可动火焊补或切割。

案例10：气割枪乙炔旋塞不严漏气造成爆炸事故

1. 事故经过

某安装队在拆卸旧锅炉时，一名焊工在锅炉后烟箱处进行气割，切除旧锅炉的管子，在切割数根管，休息片刻后，继续点火切割时，"轰"的一声发生爆炸，焊工面部严重烧伤，眉毛头发燃去大半。

2. 原因分析

（1）割枪乙炔旋塞不严漏气。

（2）现场无通风设施。

（3）使用前未对割枪进行检查维修。

3. 预防措施

（1）在进行焊接与切割前要检查焊炬的射吸能力是否正常及各阀门应严密不漏气。

（2）在容器及管道内焊接与切割，焊枪应在容器外面点燃。

（3）焊割炬用完应放在容器外面。

四、特殊环境焊接与切割作业事故

案例 11：罐内有水，施焊无人监护，摔倒触电身亡事故

1. 事故经过

某厂在夏天制造一直径 3 m、高 3 m 的储水罐，装配后第一天焊完了罐底与罐体连接的角焊缝，准备第二天焊罐体的环焊缝，但夜里下了一场小雨，造成罐内有一层约 10 mm 的水层。为了不影响工期，焊工和辅助工爬进罐内，用砖和木板搭起临时踏板进行焊接，焊接时罐内只有焊工自己进行，辅助工在外配合。为了运角钢，队长将辅助工调走，待运完角钢辅助工爬上罐体向罐内一看，焊工躺在罐内，已触电身亡，年仅 24 岁。

2. 原因分析

（1）现场无人监护。

（2）罐内水没有清理干净，人摔倒后，水成为导电体。

3. 预防措施

（1）监护人应坚守岗位。

（2）容器内如有水等液体应清理干净。

（3）焊工必须穿绝缘鞋。

案例 12：高空焊接作业坠落事故

1. 事故经过

某单位基建科副科长甲未用安全带，也未采取其他安全措施，便攀上屋架，替换焊工乙焊接车间屋架角钢与钢筋支撑。工作 1 h 后，辅助工丙下去取角钢料，由于无助手，甲便左手扶持待焊的钢筋，右手拿焊钳，闭着眼睛操作。甲先把一端点固定，然后左手把着支点固定一端的钢筋探身向前去焊另一端。甲刚一闭眼，左手把着的钢筋因点固不牢，支持不住人体重量突然脱焊，甲与钢筋一起从 12 m 的屋架上跌落下来，当即死亡。

2. 原因分析

（1）事故发生时无监护人。

（2）高处作业者未用安全带，也无其他安全设施。

（3）高处作业未搭设安全的作业平台。

3. 预防措施

（1）非专业焊工不能从事焊接与切割作业。

（2）高处作业要设监护人。

（3）高处作业一定要用标准的防火安全带，架设安全网等安全设施。

（4）高处作业要有安全的作业平台。

案例 13：高空焊接的焊条落下，扎死一人事故

1. 事故经过

某厂盖厂房，焊工在高空焊接房梁等金属节点，不慎手中焊条脱落数根，其中一根直立下落，正扎在下面施工人员的头部，焊条扎入其头部约 2 寸深，使其当场死亡。

2. 原因分析

（1）高空施焊下部有人员施工。

（2）下部施工人员没有戴安全帽。

（3）焊接施工下方无隔离措施及人员监管。

3. 预防措施

（1）设置安全隔离区域。

（2）施工现场必须戴安全帽。

五、职业卫生事故

案例 14：有肺结核病史人员当电焊工，4 年即患尘肺事故

1. 事故经过

某年 25 岁的李某在某市大型企业从事焊接工作，李某有肺结核

病史，未经上岗前体检，工作条件恶劣，没戴耳塞、口罩，只戴手套和防护面具。4年后，他胸口像有好多针在刺，气憋得慌，呼吸困难，原以为是多年前的肺结核复发，赶紧到医院检查，结果是一期尘肺病，某市劳动能力鉴定委员会认定为"伤残四级"。

2. 原因分析

（1）该焊工有结核病史，不能从事焊接工作。

（2）未经上岗前、在岗期间的职业卫生体检。

（3）工作条件恶劣，通风不良，防护用品不到位。

3. 预防措施

（1）上岗前、在岗期间要进行职业卫生体检。

（2）工作条件不达标情况下，正确穿戴个人劳动防护用品。

六、典型的海洋石油电气焊作业事故

案例15：焊接工人切割井口时被烧伤事故

1. 事故经过

一名焊接工人试图完成一口弃井的拆除任务，于是他正在进行切割井口的作业。就在三个星期前，生产区域的这口弃井还处于使用状态。按照原始设计情况来说内层套管中有20% LEL的可燃气体浓度，而外层套管是0% LEL的可燃气体浓度。这名焊接工人切割内层套管时遇到了一些可燃液体，随后他完成了切割井口的作业，并清理切割下来的套管直到一定深度。于是他决定在套管上再切割出一个洞，让在套管里的液体（易燃的）排出套管外。于是当他用割枪切割套管时，易燃的液体随即起泡并超过套管限度溢出套管外，这名焊工的身体被易燃的液体浸湿随即在他身上着火，造成这名焊工的上身严重烧伤。

2. 原因分析

（1）没有用洗井液来适当地循环和清洗井，把所有的油/浓缩物赶出井口套管。

（2）当液体被确认为可燃的时候，没有执行在热工进行之前除去或隔离易燃液体的程序和措施。

3. 预防措施

（1）焊接工作必须在签发热工作业许可证之后方可进行，而且任何情况下现场监测到的 LEL 值大于10% 时，绝不能进行热工作业。

（2）在进行限制空间作业前，必须签发进入限制空间作业许可证。而且在限制空间内作业时必须设置至少 2 个应急逃生通道。

（3）确保在限制空间内作业时，随时连续地监测爆炸性气体的 LEL 浓度。

（4）如果在工作中监测到了爆炸性气体的 LEL 浓度，必须立即停止作业，马上循环和清除在油井套管内的爆炸性液体或气体。

（5）如果必须循环或清理油井，比较好的前期工作方法是关断油井，并先用油井内残存的轻质原油来循环和清理（下方油管和上方套管）。

（6）危险区域动火必须编制作业方案，做好风险分析和控制措施。

参 考 文 献

［1］罗英极．焊接生产管理［M］．北京：化学工业出版社，2010.

［2］崔政斌，郭继承．现代生产安全技术：焊接安全技术［M］．北京：化学工业出版社，2009.

［3］中国工程机械学会焊接学会．焊接手册（第一卷）［M］．北京：机械工业出版社，2002.

［4］闫成新．金属焊接与切割作业人员安全技术［M］．北京：中国石化出版社，2010.